城市供排水服务监管概况

［西班牙］恩里克·卡布雷拉　小恩里克·卡布雷拉　著

韩　伟　李　薇　赵齐宏　译

中国建筑工业出版社

著作权合同登记图字：01-2017-6414 号

图书在版编目（CIP）数据

城市供排水服务监管概况/（西）恩里克·卡布雷拉，（西）小恩里克·卡布雷拉著；韩伟，李薇，赵齐宏译. —北京：中国建筑工业出版社，2020.2
书名原名：Regulation of Urban Water Services An Overview
ISBN 978-7-112-24720-2

Ⅰ.①城… Ⅱ.①恩… ②小… ③韩… ④李… ⑤赵… Ⅲ.①城市给水-监管机制-研究 Ⅳ.①TU991.5

中国版本图书馆 CIP 数据核字（2020）第 022086 号

本书由国际水协会出版社（IWA Publishing）授权我社翻译、出版、发行本书中文版。

责任编辑：于　莉
责任校对：芦欣甜

城市供排水服务监管概况
[西班牙]恩里克·卡布雷拉　小恩里克·卡布雷拉　著
韩　伟　李　薇　赵齐宏　译
*
中国建筑工业出版社出版、发行（北京海淀三里河路9号）
各地新华书店、建筑书店经销
北京科地亚盟排版公司制版
廊坊市海涛印刷有限公司印刷
*
开本：787×1092毫米　1/16　印张：8¾　字数：218千字
2020年6月第一版　2020年6月第一次印刷
定价：**40.00**元
ISBN 978-7-112-24720-2
（35137）

版权所有　翻印必究
如有印装质量问题，可寄本社退换
（邮政编码 100037）

译 者 序 一

这本 IWA 出版的介绍典型国家水务行业监管的书籍值得一读。

进入 20 世纪 90 年代,系统化的水务监管措施开始在一些国家实施。理解和分析近三十多年行业监管的实践经验,回顾和梳理先行者的历程,对比和研究各国行业监管体系的要点,无疑对中国在明确水务监管定位,健全监管体系,规划监管所必需的政策指南、法规体系、技术标准、绩效指标的过程中有着积极的借鉴意义。

供排水设施是城市重要的基础设施,供排水行业是为城市发展和市民生活提供最基本保障的服务性行业,关乎百姓的健康与生活福祉。科学有效地管理供排水行业,保证以合理的水价和水质提供符合标准的服务,并考虑到市民的承受能力,这是各级政府重要的责任。由于水务行业的自然垄断性,构成了对于行业监管的必要性和必然性。行业监管的目标就是要规范行业秩序,提高服务能力和效率,保证经营和价格的透明度,保护消费者利益,维护行业可持续地发展。

每个国家的水务监管方式都与其文化背景、行业基础水平和发展阶段相关。因此,尽管对于行业监管的总体目标和方向一致,但各个国家采取的方式有所不同。中国的城市供水经历的中华人民共和国成立以来 70 年的快速发展,城市污水管理行业则自 20 世纪 80 年代开始得到蓬勃发展,巨额基金的投入、大规模的建设已经极大地改变了这个行业基础设施的面貌。同时,随着改革开放,供排水行业逐步由行政事业单位转为企业,在政策上明确了供水成本和污水处理厂成本的全部回收。中国的城市供排水行业正在从大规模的建设逐步过渡到平稳运营阶段,改善服务、提高效率、实现行业的可持续发展是当前行业发展的重要任务。

正视中国水务行业发展的需求和挑战,健全行业监管体系,是保证行业健康发展的有效途径,也是当前的迫切任务。希望这本汇集几个典型国家和国际组织关于水务监管经验的书籍能够带给我们启发和思考。

译者序二

这本介绍国际水务监管的译本值得一读。

供水排水系统是城镇建设和发展不可或缺的公共服务设施，也是直接关系到居民生活人居环境和舒适度的重要公共服务领域，这一行业具有投资需求大、固定资产集中的特点，并具有地域化服务及典型的自然垄断性。因此，科学监管是维持行业发展秩序、保证可持续发展的重要手段，也是保障人民享有良好的生活环境，提升居民福祉的必要措施。

随着我国城镇化的发展，城镇供水排水事业已具有相对完整的体系，国务院颁布的《城市供水条例》、《城镇排水与污水处理条例》、《城市节约用水管理规定》为城镇水务行业的发展奠定了基础，相关政府管理部门依据国家法律法规制定的一系列规章制度、规范性文件和技术标准规范形成了城镇供水排水行业规划设计、投资建设、运行维护、管理监督的标尺。2014年住房城乡建设部出台的城镇供水规范化管理考核制度就是在推行标杆化管理方面的初步尝试。

应该看到，随着水务行业的发展，对于监管政策和技术需求都在延伸，正在逐步完善投融资、资产管理、运营效率、服务质量的监管；同时，市场准入、能力建设与技术创新等也将在监管制度设计中有所体现。研究和借鉴水务行业监管的国际经验，分析和对比我国与国际监管的模式和特点，有助于我们拓宽思路、开阔眼界，对于不断完善我国城市水务行业监管架构和政策体系具有积极作用。

希望这本书能够带给读者有益的启发和参考，是为序。

章林伟

2020年1月20日

译 者 序 三

第一次接触到《城市供排水服务监管概况》一书，便被它深深地吸引住了。出于从事这个行业35年的工作经历和对于这个行业的热爱，以及十多年来参加水专项课题研究带给我的思考，让我在第一时刻就下决心将它翻译成中文。本书作者阐述了水务监管的目的、意义、监管的主要范畴，总结了六个典型国家以及拉丁美洲和加勒比地区在供排水服务监管方面的做法和经验教训，就像推开了一扇窗，吹进了来自欧洲大陆和大洋彼岸的风，带我们去了解和思考全球的城市水务行业的监管经验。

城市供水行业始于19世纪，在20世纪上半叶得以完善，污水处理则始于20世纪中叶，第二次世界大战后的工业化时期。此后，这个行业迅速发展，并带来了人类生活质量和健康状况的巨大改变。近些年来，社会发展对水务行业可持续发展的需求、行业固有的垄断特性以及日益增长的复杂性，使得如何对行业进行有效的监管已经成为社会的热点问题。对水务行业进行监管的目的是使这个有着巨大投资需求，并具有明显的地域性经营、缺乏竞争动力的行业能够持续、有序地发展，能够经济、有效地运行，激发行业自身的动力，增加经营和收费的透明度，维护消费者的合法权益。

书中详细介绍了葡萄牙、英国、澳大利亚、丹麦、德国以及拉丁美洲和加勒比地区的典型经验，介绍了国际组织之一美洲开发银行（IDB）的做法。这虽然不是一个国家的经验，但这套方法已经在南美洲一些使用了IDB贷款的国家得到应用。阅读此书既可以通晓这个国家行业监管框架和做法，也可以了解到各具特点的监管形式形成的背景、实施的必要条件，以及正在面临的挑战。本书编者还详尽分析了西班牙建立行业监管系统所面临的问题和挑战，具有典型代表意义。总体而言，尽管各国的监管方式有所不同，但是，对于行业服务水平、效率和收费，无一例外成为监管者共同关心的问题，也是监管的核心内容。书中涉及绩效评估与管理，认为这是判断效率以及效率提高程度的必要方法，它既是监管的方法，也可以是行业自律的手段。行业监管主要涉及经济和技术两个基本方面，但出于监管者的出发点略有不同，监管的目标和侧重点也有所不同，比如国家对行业的监管与国际组织（银行）的监管各自有所侧重，各国国家根据国情和行业的不同发展阶段，在监管内容上也会各有侧重，但是，最终目标都是要建立行业秩序、提高效率、促进可持续发展。

在本书的翻译过程中，有幸与本书的几位主要作者交流，他们都经历了所在国家行业监管体系的建立和完善过程，有的作者就是行业监管政策的制定者、监管者、研究者，甚至是这个国家水务行业监管体系的奠基者之一。这群德高望重的专家以最直接和中肯的方式介绍本国经验，也站在国际化的高度，提出行业共同面对的问题和挑战。

感谢国际水协（IWA）出版这本书，同时，自2014年在里斯本召开的IWA大会上已经把行业监管列为大会的一个独立主题会议。会议吸引了来自世界各地政府官员、行业监管者、政策研究人员、企业高级管理人员、专家和研究人员参加，建立起了一个跨领域、多学科、广泛参与的交流平台。

　　本书总结的世界典型国家的经验，涉及相关国家的行业发展背景，由于水平有限，在翻译过程中也遇到过一些困难。在此特别感谢国际水协副主席、本书编著者之一 Enrique Cabrera Jr. 先生的支持，感谢国家水专项课题的支持，感谢北京建筑大学实习生聂练桃参与本书第三、四章节翻译，感谢出版社编辑、实习生钟敬康以及所有关心此书的朋友和同事们的帮助。衷心希望本书能够成为水务行业政策制定者、行业监管者、企业管理者、研究学者，以及关心行业发展的专业人员提供参考。

韩伟

前　　言

本书论述了在西班牙和世界范围内城市水务监管的情况。本书背景源于 2014 年 4 月在西班牙的巴伦西亚（Valencia）由阿奎利亚（Aqualia）赞助的一次会议，会上，西班牙水行业和管理机构决定梳理和讨论在世界不同地区采用的水务服务监管方式和措施。这些内容经过扩充和修改构成了本书的主要部分。

我们今天所看到的供水服务可以追溯到 19 世纪，这些服务在 20 世纪上半叶得到了完善。污水处理始于 20 世纪中叶，正值第二次世界大战后的工业化时期。尽管那时许多城市排水系统已经建成，但是，随着城市和工业用水量的增加，随之而来的污染所致后果日益严重。近几十年来，大规模投资带来了人类在生活质量和健康方面的巨大变化，这一点得到了美国工程院的认可，该院将这些服务的全面发展列为 20 世纪第四大工程成就，仅次于电网、汽车和航空，而在主要成就（最多 16 项）的排行榜中列居前位，与广播电视、计算机和电话一样令人惊叹。

尽管这些城市水系统在非系统化组织下迅速建成，在全世界受到了热烈欢迎，但近些年来，人们已经认识到应该对此进行控制才能实现最终目标：即可持续地满足民众日益增长的需求，满足 21 世纪质量需求，并尽可能降低成本。建议实施监管以建立行业秩序出于以下几个强有说服力的要点：更新这些系统需要达到高质量标准；而其行业固有的垄断性质以及日益增长的复杂性；行业在社会中的重要性以及维护这一系统（在环境、经济和社会上）与时俱进的需求。

在西班牙，对城市水循环基础设施的设计、管理和维护没有明确的指南和通用的标准。因此，有关部门表示有必要制定明确、透明的行业规则。管理部门意识到需要采取预防措施以应对更换脆弱、复杂水平衡系统的复杂性，认为有必要对行业服务进行监管。正是这种共同的担忧最终促成了在 2014 年 4 月底研讨会的召开。研讨会有两个目标：第一，了解其他先行国家的经验；第二，从有关部门的角度分析西班牙的情况。

对于世界各地的水务部门来说，监管是一个越来越重要的话题。在瓦伦西亚（Valencia）研讨会举行几个月后，国际水协会出版了《里斯本宪章》（Lisbon Charter），这是一份指导公共政策和监管的重要文件。本书中介绍的经验教训是由一些最相关领域的国际专家所提供的，这些经验教训不仅适用于没有明确监管框架的国家，也可为讨论如何改进现有的监管计划提供参考。

最后，感谢所有帮助这本书出版的人。感谢阿奎利亚（Aqualia）赞助了这次活动；感谢所有作者都以非常建设性的方式讲述了他们国家的经验；感谢西班牙政府对这项倡议的支持；也感谢国际水协会出版此书。

作 者 简 介

第 1 章 小恩里克·卡布雷拉（ENRIQUE CABRERA JR.），西班牙

第 1 章阐述了建议对城市供水服务进行监管的理由，并解释了监管的内容。其原因非常明显：首先，水务服务是必需的基本保障；其次，行业具有自然垄断的属性，几乎没有与竞争对手共存的空间。尽管外包过程在某种程度上受市场法则的约束，但是正如本章所解释的那样，随着竞标的完成，即使监管机构有间接的激励机制，但是直接竞争已经结束了，这就成了监管部门的任务之一。最后，随着时间的推移，水务服务会变得越来越复杂，并且以不同的方式提供服务，监管机构的重要任务是确保在两个主要方面（质量和可持续性）达到 21 世纪的需求标准。鉴于水务服务对公众的重要性，需要某种监督或控制。然而，人们有些意外，在西班牙一些细微的服务已经受到监管，而水务服务仍处于有待监管的地位。显然，这必须从历史和文化中寻找答案。

本章解释了监管的两个主要方面（技术和经济），同时证明了它们是相互依赖的。今天的技术可以通过多维度的绩效指标对服务质量进行控制。另一方面，经济监管则以成本回收的原则作为支撑，这意味着应强调效率，并保证维持与所提供服务质量一致的公平合理的费率。最后，为了更好地解释监管的内容，这章讨论了技术监管的各个层面。

第 2 章 杰米·梅洛·巴普蒂斯塔（JAIME MELO BAPTISTA），葡萄牙

本章聚焦在究竟什么是监管，以及随着时间的推移，葡萄牙城市水务政策的沿革必须满足哪些特征。接下来的两位作者介绍了发生在英格兰和澳大利亚的这样的沿革。不过，本章并未详细介绍葡萄牙水行业的特点，而强调在制定良好的水务政策，特别是在城市水循环的原则基础上，要明确实现既定目标的最合适的监管框架。在这些原则中，相关性最强的原则是必须制定适合这个行业长期发展的导向性政策、确定明确的体制和立法框架，以保证经济、环境和社会三个维度的可持续性，提高效率和能力，并通过用户的参与来保证其透明度。

本章所依据的第二个基本观点是不能随意或临时建立一个特定的监管框架。基线或起点需要明确界定（一般政治框架、提供服务的公司数量、市民文化等），并在对基线和目标进行全面分析后，确定最适合用作样板的模型以规定监管职能。杰米·梅洛·巴普蒂斯塔在葡萄牙亲身经历了这个过程。本章中引用的一些参考文献详细介绍了这些经验。

最后，作者明确地提出了任何监管过程的两项计划。其中第一项计划规定在该行业开展活动所依据的规则，这可以由监管机构（如葡萄牙）或某些技术协会（德国）直接承担；第二项计划是评估、控制和后续跟踪，以了解不同公司，特别是公司在技术和经济上是如何履行义务的。在第二个计划中，先行者的经验来自英国（虽然有些松散，详见迈克尔·劳斯的文章），而在丹麦（详见普里森的文章），计划的中心是经济方面。最后，文中

强调了葡萄牙监管的一个不同层面，其目的是向行业提供技术工具（已经出版了许多关于城市水务管理原则方面的技术手册），帮助受监管的公司实现其目标。

第3章 迈克尔·劳斯（MICHAEL ROUSE），英国

在本章中，作者讲述了英国在其历史背景下推行水务监管的过程。他指出，这一过程和最终只在英国进行的私有化没有关系。威尔士和苏格兰虽然选择了不同的道路，却忽略了监管。监管之所以取得成功，是因为它使该行业实现了现代化并整顿了行业秩序，准确地说，监管是在这个行业做好了准备时才实施的。1974年开始收回成本（实施过程远不如监管过程本身受欢迎），减少公司数量，保证了规模经济。在1990年至2012年期间，监管需要投资1000亿英镑，这增加了37%的费用（按实际价值计算）。据估计，公司通过提高效率为这项投资提供了70%的资金。如今，平均成本结构表明，58.4%用于摊销成本，因此，如果基础设施得到补贴（并假设保持相同的效率水平），水费将降低一半以上。

监管基于三个不同的组织：负责水质监管的饮用水监察局（DWI）；负责经济监管（水价、投资、效率）的英国水务办公室（Ofwat）；负责环境监管（水源和出水质量）的环境署（EA）。所有这些组织依托于一个部，文中介绍了各个组织的任务。普遍地讲，应通过社会价格使用户用水得到保障，作者指出，水费账单绝不能超过可支配收入的5%。这项工作坚持将监管的概念与公有或私有管理方式分开，因为监管目标是保证服务的可持续性、提高效率和维护用户的利益。换句话说，这与无休止的公有还是私有的辩论无关。

本章结尾谈及了英国水务行业可能的未来，并分析了2014年的《水务法案》，该法案从根本上鼓励形成更激烈的行业竞争，作者对此表示担忧。最后，提出了一些制定新的监管程序的原则。

第4章 安德鲁·斯皮尔斯（ANDREW SPEARS），澳大利亚

本章详细地介绍了澳大利亚近三十年来在水务政策方面的改革。有趣的是，由于特定的环境，其转变和英国的情况大不相同。澳大利亚是一个由六个州和两个领地组成的联邦，所有这些州和领地都由联邦政府协调，这对澳大利亚的政策产生了重大的影响。联邦政府负责制定目标和指令，之后各州以各自的方式采取具体措施来实现这些目标和指令。在这一政治框架下，他们在20世纪80年代初决定彻底改革城市水务管理（类似于今天西班牙需要解决的问题），为此，设计了两个主要的支柱。

其中第一个支柱，即1994年由澳大利亚政府委员会通过的总体改革框架，它要实现的目标是使服务提供商具有销售的能力。最终决定成立上市公司，但经营原则与私营公司相同，并始终鼓励规模经济。这些目标包括收回所有服务成本（但始终保护最弱势群体）、推行与用水量相关的水价、分离责任（管理者不应是自我控制的一方）和原则上鼓励比较竞争。必须指出，这些目标在今天是任何国家都赞同的。为了鼓励州政府在各自州推行必要的改革（特别是完全收回成本），国家对迅速实施改革的政府提供了额外的奖励。

第二个主要支柱是十年后（2004年）签署的《国家水倡议》，其主要目标是促进领地合作。它指出，水务管理必须以自然领土边界为基础，而不应以政治边界为条件。为了开展这一合作，成立了国家水务委员会，负责制定和监督不同流域的水务计划。除此之外，该委员会的职责是控制水的使用，确保既定的水价可收回所有的成本，并在总体上规范水

务市场。因此，控制这些公司便成为《国家水倡议》的管辖范畴，该倡议在鼓励节水方面起到了非常积极的作用。这促成了推行水标识、节约用水方案和禁止安装用水效率不高的设备（如冲厕设备）。与通常情况一样，卫生监管由另一个机构——国家卫生委员会负责。文中没有详细介绍在不同州实施改革的细节，而他们的做法已经形成了常规监管的特征。

第5章 詹斯·普里森 (JENS M. PRISUM)，丹麦

丹麦在城市水务管理方面的经验是对上述三个例子的补充，它给出了另一个高度阐释性的替代观点。但它们有一个共同的目标就是要提高行业效率和竞争力。丹麦的水务行业虽然完全是公有的，但却像西班牙和德国那样极度松散，也许更甚。大约有 2500 家公司为 500 万居民提供服务，并最初都与市政厅相连。但是有一个显著的区别，它的城市供水服务是世界上最昂贵的供水服务之一，其价格（是西班牙水价的几倍）是由丹麦竞争管理局委托制定的，自 2009 年起生效。在这一框架内，为了提高效率，所有的市政公司都转变为有限公司（甚至更小的公司），但同时又保留了公司的公有制，但不盈利。换句话说，它们即使可以在股票市场上交易，但因为没有利润，所以无法吸引投资者。

从一家主要公司董事的角度来分析丹麦的监管非常关键。这个监管唯一的目标是采用自上而下的步骤，在对运营费用（OPEX）、资本支出（CAPEX）和补充费用（税收、环境成本和实现服务水平所需的费用）三项进行分析的基础上，进行成本和价格的经济控制。作者批评了由经济学家提出的复杂的计算方法，因为这些是中小企业无法理解的（监管适用于年销售量至少 20 万 m^3 的服务企业，即向大于或等于 4000 人口的居民区提供服务）。然而，监管并不涉及任何技术层面，而是运用了比较规则。丹麦水和废水协会（DANVA）吸引着这些公司，它们在 10 年前就采用了自上而下的流程。

最后根据丹麦的经验提出了应在所有监管过程中加以考虑一些基本原则。其中包括评估期（至少三年），评估应基于简单而常识性和透明的对话过程。

第6章 安德烈·乔拉夫列夫 (ANDREI JOURAVLEV)，拉丁美洲

在像拉丁美洲和加勒比这样大的地理范围内谈论监管时，只能非常笼统地来看。由于每个国家情况不同，因此，聚焦在一个案例的具体细节上意义不大。本章对水务行业存在的问题进行了概述，分析了在 70％的地区有效的监管作用，并提出了改善监管的基本策略。因为不同国家有不同的行动框架（州、地区甚至地方），所以监管差别很大。

在回顾这一行业时，作者简单地分析了过去三十年中的跌宕起伏，其中包括：基础设施升级对私人投资的需求，提高水费以补偿基础设施投资所出现的问题，以及在解决许多分歧中监管机构作为仲裁员的冲突和角色。这些问题甚至在有些国际会议上也进行了深入的讨论，如 2009 年在利马举行的以"国际投资协定、基础设施投资的可持续性和监管及合同措施"为主题的国际会议。

本章的基本思想与前面几位作者讨论的相同，从职能分离开始，基本上分为三个部分，其职能可以界定为：行业立法和条例、经济监管、对于公司的监督以及对其所提供服务的恰当评估。作者的另一个突出的观点强调效率是重要的，这是保证行业可持续性的一项基本战略，而公有化管理还是私有化管理并不重要。无论服务提供商的性质如何，监管都是必须的，监管必须发挥作用以实现合理化（鼓励规模经济）和提高服务效率这两个目

标，其意义远远超出了去区分服务商是公有还是私有企业。

第7章　沃尔夫·默克尔和妮可·安内特·穆勒（WOLF MERKEL AND NICOLE ANNETT MÜLLER），德国

德国的水行业是与前面几个国家完全不同的案例。德国的情况相当有趣，因为所有的管理类型（公有的、私有的）是同时存在，大小规模高度分散（共6211家公司），并且具有广泛的区域自治性（不同州有各自的立法）。虽然没有监管机构，但有强大的监管。技术问题在全国各地都一样，但经济和行政方面则取决于每个地区。简而言之，在没有监管机构密切监督的情况下，行业规则已经建立了。但显然，德国文化和著名的环境教育有利于在常态下遵守既定的行业规则。无论是哪种情况，如果有人报告或通知出现偏差（特别是在经济和价格方面），有机构有权来处罚存在潜在偏差的单位，这意味着这个行业运转异常良好。

本章详细地介绍了德国水工业的情况。随后对该行业所面临的挑战和其他方面进行了批判性分析，并指出具有相当大的改进空间。行业的实力基于在过硬的技术和社会政治法规方面的管理。技术方面由两个强大的团体支持：一个是制定和推广配水和排水技术规则的机构（DVGW—德国天然气和水科学技术协会）；另一个是决定供水质量标准和污水处理水平的机构（DWA—德国水、废水和垃圾协会）。价格和经济方面取决于地方政府。根据通过水价收回成本的原则（补贴实际上是不存在的），有明确的价格计算规则，并为用户提供了投诉的渠道。

尽管该行业规模大（拥有8000万居民，53万公里的供水管网，54万公里的合流、分流或混合制的排水管网）并存在差异化，可是在总体质量上一致地保持着很高的水平。同时，它确实面临一些挑战，其中最大的挑战来自经济方面。它的平均水价是西班牙的四倍（饮用水为1.91欧元/m^3，排水和处理污水为2.28欧元/m^3，如果包括雨水的支付，平均污水费则高达2.93欧元/m^3），主要的挑战是在人口稳定（有缓慢下降的趋势）但用水量越来越少的情况下保持服务质量，因为水量减少意味着收入的大幅减少。这是一个令人担忧的问题，因为目前气候变化的情况要求保持投资，这与收入下降是不相符的。除此之外，水价结构中还有相当不具代表性的固定费用，占收入的10%，这意味着广大消费者必须承受价格增长的负担。显然，公司希望增加固定费用，以保持收入并更均衡地分摊费用。很明显，必须向用户解释为什么他们在用水减少的情况下必须支付更多的费用。简而言之，德国是一个自我管理的国家，行业健康状况令人羡慕。

第8章　马蒂亚斯·克劳斯和罗萨里奥·纳维亚（MATTHIAS KRAUSE AND MARÍA DEL ROSARIONAVIA），美洲开发银行

分享的最后一个国际经验来自于多边组织，即美洲开发银行（IDB）。IDB在其职权范围内的任务是使管理的透明度制度化、促进问责制、健全预防和控制腐败的机制、能力建设、提供和宣传相关知识，并提供技术和财政支持。因此，它促进了诸如AquaRating这样的项目，本章将对此进行讨论。它与城市水务管理服务的关系虽然是间接的，但却是显而易见的。其目的是以独立的方式评估供排水企业的绩效，并由外部评估员进行认证，这符合杰米·梅洛·巴普蒂斯塔（Jaime Melo Baptista）在文中提到的公司控制条例的第二项计划。

11

AquaRating 从八个方面（服务质量、业务管理效率、财务可持续性、公司治理、规划及其执行的效率、运营效率以及服务和环境的可持续性）对公司进行评估，这不一定与一个国家希望通过监管控制的内容完全一致。正如前几章所述，在实施监管的过程中，首先是需要明确监管要实现的目标，从而在这些目标的基础上，确定监管的内容，并具体说明如何实现这些目标。美洲开发银行的目标是向城市水务行业提供资金，保证资金的恰当使用，并为该行业提供基本的技术支持。这些目标赋予了这一倡议的意义。尽管如此，AquaRating 的评估并不一定符合监管机构的评估。但是，所建立的全面可靠的制度可以作为对任何其他监管活动的支持和推动，例如基准管理，甚至是自愿的自我监管。

第 9 章　恩里克·卡布雷拉（ENRIQUE CABRERA），西班牙

本章梳理了西班牙水行业管理所面临的挑战和需要解决的主要问题，其中大部分问题已在前面讨论过。面临的挑战包括基础设施老化、污染加剧、农村人口向城市迁移、城市化进程加快以及气候变化。这些问题包括缺乏对三个层面决策者（政治、管理和专业）的培训以及责任碎片化，缺乏游戏规则和质量标准，以及价格政策缺乏透明度。

本章还提到了在前面讨论过的适应新时期的城市水务政策的基础。最后，在分析和思考的基础上（"公共或私人服务"的无休止的争论，体现出缺乏从补贴制度向全成本回收制度转变过程中所需要的过渡计划），笔者支持监管是成功应对挑战并解决当前城市水行业诸多问题的最有效手段这一观点。

第 10 章　帕拉拉（F. LIX PARRA），西班牙阿奎利亚

本章作者首先提醒大家要注意当前西班牙水务市场的碎片化现象——有数以千计的监管机构，事实上与市政当局一样多，但却没有监管所必需的稳定性，以及在法律和财政上的保障。起草服务条例中规定的指导性文件（由西班牙水和废水服务供应商协会（AE-AS）和西班牙市政和省联合会（FEMP）编制）和制定非强制执行的水价指导性文件，缓解了该部门缺乏明确规则的问题。因此，西班牙水务市场缺少一个制定必要法规的监管机构。所要求的条例必须通过所有相关方的对话实现，这是相当复杂和困难的；相反，如果出于建设性的态度和自愿的方式商议，则一定会得到最佳解决办法。

本章详述了监管应依据的规则（涉及经济和技术两方面）、权限（包括价格）、目标（监管和提供效率激励）、在行政部门和公司之间的仲裁员角色，最后是维护用户利益的基本作用。这一切都要透明和独立地进行。监管机构不能依赖于政治力量或企业，它必须代表用户工作，以便以最低的成本为他们提供尽可能好的服务。为了实现这一目标，（除考虑城市水行业的其他经验外）建议借鉴西班牙的能源监管体系。尽管这涉及另一种基础资源（能源），但其优势是二者处于相同的地理环境之中。

目　　录

第1章　对供排水服务监管的必要性所涉及的关键因素

1.1　对水务行业监管的必要性

自 19 世纪以来，城市供排水服务一直处于自然垄断状态。这是由于在基础设施建设中需要投入大量的固定资金，以及安装多个并行网络固有的困难。由于类似的原因，许多公共服务（如电力、电信、煤气）也是自然垄断了几十年，即由单一的组织（私有或公有）提供服务，而用户没有其他选择。

近几十年来，由于这些部门的开放和公共行政部门的积极作用，这些服务出现了市场竞争，许多上述的垄断已经结束①。尽管如此，在进入 21 世纪之时，许多城市服务供应商仍在抵制这种趋势，城市供排水服务仍然是独家运营。

垄断市场的缺点对于用户而言是显而易见的。另一方面，服务提供者缺乏提高自身竞争力的动力，因为它们所提供服务的质量不需要比竞争对手更好，收取的服务价格也不需要比竞争对手更低，企业只要满足用户的需求，用户就离不开企业。对于饮用水服务部门来说这是毋庸置疑的，因为不论是对于社会发展、人类福祉，乃至生活本身来说，饮用水服务都是不可或缺的因素②。从经济角度来看，对供排水服务的需求缺乏弹性导致其不受传统市场的约束，从而出现了提供服务的企业控制了几乎所有的市场变量这种大众不希望看到的情况。

因此，像其他公共服务部门一样，供排水服务部门的管理者需要出面维护大众的利益，规范市场以避免垄断的出现。

服务监管以下面三大支柱为中心：

（1）市场准入控制；

（2）价格控制；

（3）质量控制。

换句话说，一方面监管部门应该决定哪些公司或组织准许在特定地区提供监管服务。另一方面，他们应该制定对服务的公平收费，以确保基础设施的长期可持续性（针对私营企业的情况），并通过服务的有效运营而得到合理的利润。最后，最根本的是对服务质量进行控制，因为只有控制服务质量（同时服务提供者愿意把一份工作做好）才能确保用户得到高品质的服务。

很明显，控制价格和质量是紧密相连的（因为合理的价格取决于产品的质量，尤其是

---

① 多数情况下，电信部门的竞争是纯粹的，用户可以在两个或更多提供同等服务的运营商之间进行选择。其他情况则是监管市场迫使基础设施所有者与同一部门的其他公司分享基础设施（例如西班牙的光纤、电网、天然气管网）。

② 我们不能忽视这样一个事实：每年由于饮用水和卫生设施的缺乏，导致了许多生命的逝去。

水质和所提供的服务）。然而，控制这两个支柱所必需的知识和工具可能会产生显著差异。价格控制意味着对服务实行经济监管，而质量控制需要技术监管。

奇怪的是，水务行业的监管往往滞后于其他公共服务（如电信或能源）部门，水已被确认为是生活的基本保障。尤其是，我们常常基于能源部门的监管经验来制定供排水服务的监管条例，虽然这种做法可以理解，但是每个部门都有其自身的特点而不能生搬硬套。

也就是说，有几个因素使得城市供排水服务不同于其他公共服务。了解并假设这些差异对于建立管理部门的机制以及建立该服务和其他服务之间必要的区别是至关重要的。

1.2　城市供排水服务的特殊性

城市供排水服务不同于其他公共服务，更重要的是，当建立监管机制和相应的工具时，这些差异是至关重要的。换句话说，供排水服务监管具有特殊性，建议为其设计具有针对性的监管机制和工具。城市供排水服务与其他公共服务的差异如下：

（1）供排水服务关系人类生活的基本保障。其他任何公共服务与供排水和卫生服务之间最大的区别是后者被联合国认定为一项人类生活的基本保障。更具体地说，在决议的第7d）项，敦促国家"评估当前的立法框架和政策是否与享用饮用水和卫生设施的权利相吻合，并且对其做出删减、修订或改编，以确保遵守水作为人类生活的基本保障原则和标准"。

换言之，监管饮用水和卫生服务时必须考虑到这一权利，同时考虑到可获得性、质量、可接受性、可及性和可负担性等原则。

从历史上看，世界上很多地方都在具体的立法中体现了水是人类生活的基本保障这一条（在许多国家，即使用户欠费违约也不能停止饮用水服务）。因此，任何监管水务部门的措施都应基于这一基本前提。

（2）水来自本地。在做现场报告时，我直白地将这一观点命名为"水很重"。由于水的流动性，我们常常忘记了它的具体重量。水比构成人体的物质密度更大（这就是我们漂浮在水中的原因）。

当我们重视饮用水供排水服务时，我们几乎没有注意到为满足人类生活需要所供应的水量实际是多少。而且很少有水务公司（或根本没有）定期统计资源用量，甚至没有统计用户每天的用水量。

以西班牙的四口之家①为例，不同公共服务部门提供的资源估计值见表 1-1。可以看出，以 130L/（人·d）的用水量计算（根据国家统计研究所［INE］，2013），一个四口之家每年大约耗水 200t。换句话说，由表 1-1 可以看出每年需要的"水很重"。

不同公共服务部门每年供给一个四口之家的资源重量　　　　　表 1-1

服务部门	年供应量（kg）
电力	0
天然气	55
水	189800

---

① 平均耗水量以 130L/（人·d）计，天然气消耗量以 2.5kWh/d 计。

当确定每种服务的性质时，其输送质量差异是一个决定性因素。电力和天然气可以传输数千千米（例如，阿尔及利亚和俄罗斯将天然气输送到西欧，法国则向西班牙供电），而水的长距离输送虽然在技术上是可行的，但需要的能源更多、成本更高，同时需要的基础设施也更多。

因此，水通常是由本地供应的（就少数的特例而言，供排水点距离水源的半径也仅有几百千米）。然而，用户经常使用从几千千米以外输送过来的天然气或电力。

这一事实的重要性远比乍看上去高很多。众所周知，如果在水的零售供应（最终用户）中引入竞争，情况会变得更加复杂，因为无法建立统一的水价，即使在同一地方的不同区域也难以统一。水源（地表水、地下水、海水淡化等）不同造成成本差异显著。另一方面，经营成本本身也在很大程度上取决于当地的情况（对于水源丰富的地区，减少管道泄漏就不是至关重要的因素；而对于地质情况陡峭的地区，由于需要的压力更高，会造成更大的泄漏）。因此监管供排水和卫生服务时，应考虑这方面的因素。

（3）供排水服务的复杂性。正如前言中所指出的，监管的根本原则之一是控制服务质量。因此，强调用户对于服务的期望是很重要的。ISO 24500 等标准要求必须根据用户的需要和期望来评估饮用水和卫生设施。

上述期望是公共供排水服务与其他公共服务（如能源）之间的第三大差别。电力或天然气的供应只是具体的数字（除一两个参数外，终端用户不会感觉到"产品"质量的差别），而水的情况则大不相同。

图 1-1 显示了城市供排水服务如何具有更多影响用户对服务感知的参数。一方面，作为"产品"水的质量更加多变，同时可被用户具体感知（如嗅觉、味觉、颜色以及饮用性）；另一方面，服务也会对用户造成直接影响（如洪水和污废水带来的环境影响）。

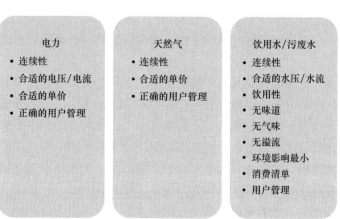

图 1-1 公共电力、天然气、饮用水/污废水服务用户期望对比

一个重要且有趣的例子显示，饮用水供应很复杂，并且与用户密切相关，围绕着水出现了一系列的辅助服务和产品。消费者常常会使用净水器或反渗透膜来改善饮用水水质，降低水的硬度或提高水的口感。如今的技术允许水务公司提高进入管网的水质，因此形成了不同的服务档次。更令人好奇的是，水的本地特性也会影响用户对服务的感知。即使是同一个水务公司，不同水源其水质也不同的现象是司空见惯的。而对于电力和天然气服务部门来说，则没有类似问题。

在监管城市供排水服务时，不能忽视其独特性。一方面，实施经济管理时必须考虑到水作为人类生活的基本保障这一基本事实以及本地特性所导致的成本差异；另一方面，当确立适当的服务水平时，有必要控制和保证更多的变量。无论哪种情况，很清楚的是，不使用其他方式而直接借鉴能源或电信等部门的经验对供排水服务进行监管是不够的，所以有必要建立供排水行业固有的机制。

1.3　服务水平

供排水和卫生服务可以有不同的服务标准。在有监管的国家，经常会出现饮用水供应间断和相当一部分人口无法获得饮用水或卫生服务的情况。然而，在其他国家，监管则集中在服务对环境的影响或呼叫中心电话接通时间等方面。

这些差异不是偶然存在的。如 Lobato de Faria/Alegre 定义的那样，随着时间的演变，大多数供排水服务会经历以下三个阶段：

数量阶段：目的是满足生理需要。

质量阶段：在保证供应充足的饮用水的同时，还考虑了心理、文化和美学方面的因素。

卓越阶段：伴随着社会、经济和环境的可持续性发展而出现。

随着每个地方的历史、社会和经济情况的不同，运营企业提供的服务水平可以改变，此外，政府需要或期望的服务水平也可能改变。

很明显，提供高水平服务比提供基本服务需要更高的成本。而这个简单的原则在制定城市供排水服务价格机制时却往往容易被忽略。因此，有可能找到某些不考虑所提供服务的质量，而只考虑诸如管网长度或节点数量等变量的简化成本模型，所以，计算结果不太可能包括所有的制约因素。

因此，制定相应于不同服务标准的水价是非常必要的，否则无法确定水价是否合适或公平。

在市场经济中，企业必须向其用户提供的服务水平是由市场力量本身所决定的，企业往往能提供不同档次的服务并收取与服务相应的价格。许多部门在"低成本"的商业模式下看到新的竞争者出现是司空见惯的，它提供了一个以更廉价的基本服务来换取与公司先前提供的服务相比较低水平的服务。同样地，有的公司则采用一种"优质"的服务模式来满足苛刻的消费者需求，同时收取比竞争对手更高的价格。在所有这些情况下，用户决定他们更喜欢哪种并自由选择由哪家公司为其提供该服务。

由于供排水和卫生服务的自然垄断性，服务水平不能通过市场机制来确立，而需要由负责监管的行政部门确立。在这种情况下，不断地收集消费者对于服务偏好的意见似乎是合乎逻辑的，正如英国的水消费者委员会（CCW）[①]所做的。

正是在这样的背景下，ISO 24510 标准《饮用水和污水服务相关措施——评估和提高用户服务指令》更显重要。这是一个非认证标准，意味着运营企业没有被授予合格认证，

[①]　CCW 是英格兰和威尔士的监管机构的支柱之一，其作用是："代表供排水服务的消费者的利益，确保用户的心声能在全国性的辩论上被听到，保证消费者是水务部门的核心"。在其官网（http：//www.ccwater.org.uk）上可以看到 CCW 在英格兰和威尔士的各地都设有办公室，处理自来水公司没有解决的用户投诉。

这可能是该标准不是特别受青睐的原因。ISO 24510 标准属于三个国际标准家族的一部分，旨在评估和改善城市供排水服务，它是由来自 30 多个国家的 100 位供排水服务部门专家组成的专家委员会①的研究结果。

ISO 24510 指出，必须根据用户的期望和要求来确定城市供排水服务的管理目标。尽管该标准没有为监管服务制定任何机制（这不是它的职能），但是运用相同的原则来制定监管目标是合乎逻辑的。

该标准汇总了用户对供排水服务的要求，是一个完整和公开的清单，制定服务的时候可以将这个清单作为优先考虑因素的基准。

ISO 24510 列出的用户的具体期望和需求如下：

（1）接入供排水服务

（2）提供下列服务：

1）新的连接时间；

2）维修；

3）合理的服务价格；

4）提供的饮用水水量；

5）饮用水水质；

6）水的美学层面；

7）水压；

8）供排水的连续性；

9）服务覆盖面积；

10）污废水溢流。

（3）合同的管理与计价：

1）明确的服务协议；

2）计费的准确性；

3）投诉回应；

4）计价明晰度；

5）付款方式。

（4）与用户的关系：

1）以书面、电话或直接访问的方式进行联系/投诉；

2）限制用水和停水的警告；

3）社区参与；

4）用户参与。

（5）环境保护：

1）自然资源的可持续利用；

2）污废水处理；

3）环境影响。

---

① 尽管 ISO 技术委员会的专家实际上是参与的国家代表团的一部分，但是他们是以个人的名义参与的。公共和私人的运营企业、学者、顾问、政府代表和消费者都促成了 ISO TC224 标准的起草。

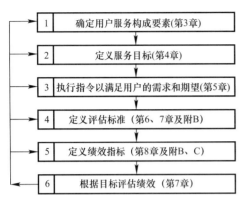

图 1-2　ISO 24510 标准的内容和应用

（6）安全和应急管理

每项服务都必须考虑上述所有项目，为此必须确立一个目标或最低标准，并且必须达到该目标或最低标准。事实上，该标准不只是描述了用户的期望和需求，还为每个项目提供了应该遵守的评估标准和方法，以便建立或选择允许监控遵循的指标，如图 1-2 所示。

需要指出的是，ISO 24510 不包括任何目标服务水平或数值参考。一方面，负责该标准的技术专家认为这不是该标准的功用；另一方面，在全世界范围内建立统一的参考值是非常复杂的[①]。这是监管部门应该履行的职责，但他们可以遵循上述国际标准所建立的准则。

必须强调的是，达到一定的服务水平需要成本。因此，在确立城市供排水服务标准时，水务公司为收回服务成本[②]而对用户征收的水费在某种程度上间接受到限制。换句话说，不考虑所提供服务的质量，而只从经济的角度评估服务几乎是不可能的，虽然反之未必如此。

1.4　技术监管与经济监管

在文献和现实中都经常可以找到区分所谓技术监管（或服务质量）与经济监管的实例。根据先前确立的监管支柱，服务的价格控制包括所谓的经济监管，而服务的质量控制则是技术监管。世界上许多供排水和卫生服务的监管机构没有行使经济监管的职能，而只对服务质量进行监管。

迄今为止，最好的例子或许是葡萄牙的监管机构——ERSAR，它创建于 1997 年，旨在监管饮用水、卫生和固体废物服务。在其成立的第一年，ERSAR 只监管服务质量，被大家称为"阳光监管"。这种类型的监管不考虑对那些满足监管者所要求服务质量的公司给予经济激励措施。鉴于没有制裁或经济制约，这些类型的监管者需要找到其他基于使用大众传播和所谓的"标尺竞争"工具[③]的激励项目。

大多数独立的供排水服务监管机构跟随 Ofwat 的脚步，使用绩效指标来衡量水务公司的业绩，并在它们之间人为地制造竞争。虽然监管机构本质上是透明的，但是"阳光监管"中对水务公司绩效结果的披露是激励水务公司提高服务的主要方式，这被称为"点名批评"。

更奇怪的是，在实行经济监管之前，ERSAR 用上述方法取得了非常好的效果。这种

---

①　可能有困难，但并非不可能实现。事实上，新的饮用水服务评估系统——AquaRating 的确建立了目标数值，如果想获得尽可能高的分数，运营企业需达到该数值。

②　在同等效率的前提下，根据所提供服务质量的高低，投资金额、人事成本和运营成本会相应地增加或降低。提高水质、降低基础设施损坏的风险等，最终都需要以水费的形式收回超支的成本。

③　因为每个水务公司的市场都相互独立，监管机构通过编制并比较不同水务公司的指标值，人为创造了一个实际不存在的竞争环境。

方法需要向大众传授城市供排水服务方面的知识以引起他们对其实际提供服务水平的兴趣。图1-3为监管机构建立的手机应用程序界面，通过该软件任何人都可以查阅监管机构上传的供排水服务质量。

技术监管并不排除事实上某种经济监管的存在，以保证价格公平、符合服务水平。这一职能通常由市政当局承担，在许多情况下，它们必须批准供排水服务费用。然而，服务质量和水价的监管不在同一机构的主要缺陷之一就是水价的计算没有包含所有必要的变量。因此，只负责服务质量的监管机构的缺点不在于机构本身，而在于制定服务价格的政府。在制定服务价格时，政府应该考虑到所有必要的技术标准。可惜的是，地方政府通常不会考虑到所有这些因素。

无论哪种情况，显而易见的是，几乎所有的监管机构都有必要评估和控制水务公司的绩效，从而实现对服务质量的监管。绩效指标（尤其是那些按照IWA标准制定的指标）是实行监管的理想工具。上述标准在很大程度上与ISO 24500标准相同。IWA和ISO 24500标准（见图1-2）建立的用来评估绩效的指标必须满足先前的既定目标。当用于监管时，这些目标必须和监管机构的一样。

图1-3　ERSAR创建的用于通知用户有关葡萄牙供排水、卫生和固体废物服务水平的移动应用程序

Maeques列出的城市供排水服务的监管目标如下：

（1）根据公共服务的义务维护用户的利益；

（2）提高效率与促进创新；

（3）保证供排水和卫生服务的稳定性、可持续性和可靠性。

下文更详细地讨论上述各项目标。

1.4.1　根据公共服务的义务维护用户的利益

联合国不同的权利、目标和文件中包括了公共供排水服务部门应实现的许多目标。这些目标包括服务的普遍性、平等性、可及性以及对健康的保护。

此外，还应包括服务的连续性和质量、资产和服务的保障、透明度、不同缴费方式的选择、典型性和制定决策时用户的参与、调节，以及发生冲突时的解决机制等。

所有这些目标都作为用户的期望和需求的一部分列在ISO 24510中。

这些承诺与一些私营企业运营商想最大限度地提高其股东投资回报的需求之间的冲突是显而易见的；监管部门扮演裁判员的角色，让不同的参与者实现各自的目标是绝对关键的。

举个例子，当水务公司需要向偏远、用水量却很少的地区供排水时，增加服务覆盖面积将会使成本大大增加，而且纯粹从商业角度来考虑，这是不可持续的，这个时候就需要监管部门发挥它的作用了。

1.4.2　提高效率与促进创新

垄断带来的问题之一是缺乏创新激励。而在自由市场中，创新是企业走向成功的重要战略。在自然垄断中，企业创新的唯一理由可能是要提高内部效率，而不是为了改善服务或产品质量。对于公共管理运营企业来说，提高效率的欲望会更低，因为它们不需要追求商业利润。

用苏格兰第一监管机构的话来说就是：

"最终，提高公共部门消费者利益的最佳途径是提高部门的经济效率，因此产生了货币价值"。

无论是什么情况，效率这一概念都涉及系统的投入和产出。就供排水服务而言，为了确定效率，需要考虑所提供服务的质量，以确定此类服务水平是否需要某些投入。

1.4.3　保证供排水和卫生服务的稳定性、可持续性和可靠性

城市供排水服务的主要问题之一是基础设施的长期可持续性。这个问题在西班牙很普遍，其他国家也存在类似的问题。我们城市中的大部分管道安装于几十年前（有的超过一百年），管道平均年龄逐年增加，运行条件逐渐恶化。图 1-4 显示了随着时间的推移，美国饮用水基础设施平均年龄的增长情况，出现了明显的不可持续发展的情况。

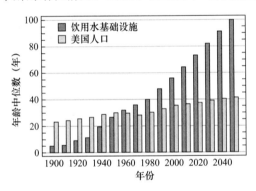

图 1-4　随着时间的推移，美国饮用水基础设施平均年龄的增长情况

资料来源：Buchberger，2011。

由于供水管网（以及卫生和排水网）是提供服务的关键组成部分，但也是更换起来最难和最昂贵的部分（即使使用无限的资源，要在短期内更换整个供水管网也是不可能的），因此，这种演变表明，如果允许这种情况继续下去，我们今天所拥有的服务的连续性就会受到威胁。经验告诉我们，如果管网没有得到适当的维护而导致过多漏损，不仅会造成水资源的浪费，还会影响水质。在缺水时期，这可能导致供排水中断，甚至由于管网压力的骤变而导致管道漏损更为严重。

事实上这不是偶然发生的，而是普遍存在的问题。一方面，如今世界上大部分地区征收的水费不包含更换基础设施所需的成本，因此，服务收取的费用只覆盖了运营成本，而不包含投资成本。

鉴于这种情况，私营企业（除了少数例外，他们不是基础设施的所有者，最值得注意的是英格兰和威尔士）维护管网完好状态的激励措施有限。由于水费没有包含维护成本，

基础设施的所有者（城镇）就需要采取措施来维护管网（以财政补贴或提高水价的方式）。这意味着很多情况下都不会考虑到更新管网，但在现实中，应该持续并有计划地开展维护管网的工作。

另一方面，在特许经营合同持续时间短的情况下，尤其当管网持续地运营存在不确定性时，由于缺乏额外的补贴，投资管网只会降低利润率。此外，经常听到某些运营企业称合同期满后它们不会改善管网，以迫使下一个特许经营商来更新和维护基础设施。

最终，维护老化的基础设施的部分责任必须归到业主自己（城镇）。投资地下基础设施是否合理难以在短期内证明。管道更新需要大量的投资，该项投资是看不见的，不能看到即时效果。此外，对于未来会出现的问题，到时候很少会有事故负责人来承担或处理这些情况，尽管他们可以通过更新管道的方式来减少事故责任。

这就是为什么不论当地政策如何，一个监管机构的形象都是不可或缺的，因为这对供排水服务的长远规划是必要的。因此，在一个理想的情况下，管网的平均年龄不应永远经历过多的变化。换句话说，管网应该在几十年内运行得同样好（或更好）。

现在关于基础设施可持续发展的概念在很多关于城市水务的论坛上都可以看到。广泛存在的问题带动了许多关于基础设施遗产管理项目的开发，如欧洲项目 AWARE-P（www.aware-p.org）和 TRUST（www.trust-i.net）。这两个项目都提供免费的工具和材料来帮助实现城市供排水服务的可持续发展。

监管机构必须确保的最后一个方面是服务的可持续性。在当前经济危机的情况下，监管机构必须保证提供服务的公司所承担的债务水平在合理的利润范围内。有的国家如英格兰和威尔士的基础设施属于水务公司，公司破产将会导致供排水服务出现严重问题，对于此类公司，服务的可持续性尤为重要。

对于西班牙来说，私营企业不会出现此类问题，但上市公司或市政服务就可能会出现。从这个意义上说，监管机构的基本任务应着眼于确保服务收入足以保证经济的可持续性（对于私营企业来说，还应保证其合理的利润收入）。

当供排水量不变、耗水量显著减少时（例如当实行有效用水计划时），就会出现前面所担忧的情况，用户减少耗水量的同时，应伴随着水价的提高以维持水务公司的收入（前提是之前的水价是合理的）。

基本上，监管机构是负责现代供排水和卫生服务所涉及的许多调节因素的参与者，这些因素被汇集到一起，形成一个适合所有各方，特别是服务使用者的可持续的解决方案。监管机构是独立于其他部门的参与者，应当协调好用户、水务公司、地方当局和上级行政部门之间的互动。

1.5 供排水服务技术监管基础

文献中已经深入地阐述了在水务部门中实施经济监管的有效方法。这些方法和用于监管其他部门（如能源、电信等）的方法之间的相似性使得有大量的详细描述利用计量经济学来建立供排水服务中水价制定框架的书籍和研究文献可以选择。

毋庸置疑，正如本章 1.2 节所述，在定义监管时，必须触及城市供排水服务的独特性。当考虑经济监管时，可能提供的服务级别越高（相对于其他部门，城市水务部门可以提供的服务档次更多），需要越多的评估和考量。本节试图在监管工具方面对现有情形加以补充，监管工具通常仍由用于经济监管的工具所主导。

建立服务目标和监管服务机制是供排水服务技术监管的本质。简而言之，技术监管的目的是确保提供充足并符合要求的服务。

进行技术监管需要一个包含绩效指标[1]在内的可以测量服务水平的工具。

自 20 世纪 90 年代以来，绩效指标在城市水务部门中已经被系统地应用了。事实上，一开始是 Ofwat 引起人们注意到在英格兰和威尔士的监管系统中使用的概念。然而，IWA（国际水协会）最佳实践手册的出版推动了绩效指标在水务部门中使用，手册第三版已于 2016 年出版。

不论其目的如何，IWA 系统已成为城市水务部门建立绩效指标体系的主要基准。ISO 24500 标准和其他国际系统，如 IBNET（国际基准网络）或 AquaRating 还将 IWA 建立的指令作为他们创建标准或系统的基准。

IWA 明确界定了绩效指标体系的三个基本组成部分：

（1）一方面，IWA 系统（特别是 2006 年的第二版）精确地定义了与绩效指标体系相关的结构、组件和词汇。因此，指标体系的层次范围从变量（包括用于计算指标值的基本源数据）到指标本身或上下文信息（用于解释由于外在因素而非管理因素造成的供排水服务之间的差异，如管网拓扑结构会影响水压从而造成漏损）不等。

（2）另一方面，IWA 系统提供了一项包含 100 多个指标和 200 多个变量的清单，它详细地定义了每项内容，并在必要时，在随后出版的指标体系中进行了精细地调整。通过这个过程，IWA 系统已经成为某些评估的标准方法。比如，IWA 定义的漏损水量指标被认为是评估该领域表现的最佳方法。这并不意味着 IWA 的指标适用于所有情况，但当从零开始制定一个具体的指标时最好先学习下 IWA 系统。

（3）最后，IWA 手册十分重视绩效指标体系数据的质量管理，并将提供的方法付诸实践。一般来说，当比较一个指标值与其他运行结果时（提醒我们"标尺竞争"），通常的做法是省略数据来源的所有限定符。尽管如此，水务部门的数据质量还是众所周知地提高了。底线是，大多数基础设施都是深埋于地下难以触及的，且平均寿命达几十年，有时甚至长达一个世纪。

面对两个不同系统相同的实际水损值，最小临界分析表明，这两个数字是不可能以同样的严密性和确定性获得的。实际值（通常是未知的）和显示值的偏差在很大程度上取决于仪表和流量表的数量，以及读数、测量设备精度（由质量、技术和年龄决定）、未计量流量的估计（如果有的话）。然而，在一个没有考虑数据质量的绩效指标系统中，这两个值都将并排显示，表明两个系统具有相同的性能，这当然没有反映出真实情况[2]。

数据质量是任何绩效评估系统的关键，尤其是以监管为基础的系统。这在当初就被 Ofwat 认可了，Ofwat 建立了一个数据质量记录系统，作为第一次出版的 IWA 手册中指标的基础。

---

①　不管采用何种方法来解释绩效指标，世界上大多数供排水服务监管机构使用的是绩效指标体系来控制服务的运行。

②　最极端的情况是：一个系统准确计量了所有数据，另一个系统估算部分或全部数据，在这种情况下，相同的指标值怎么能代表相同的绩效表现呢？

随着时间的推移，事实证明大量实际应用时，特别是当由运营商自己评估数据质量时，Ofwat 系统（基于可靠性和精度的概念）太复杂了。因此，IWA 简化了记录数据质量的选项（至少在所有指标系统中使用这些选项）。在第三版的 IWA 系统中，仍将 Ofwat 系统作为理想的选择，但也提供了一些更简单的方法。

最近几次，绩效指标系统用来评估某些概念已被证明是不够的。一方面，服务的有些方面不能真正做比较或测量，在建立评估某些方面的指标时遇到的困难包括：

（1）数据不足或者数据质量非常差。虽然用绩效评估中质量较好的数据比用直接从系统中获取的数据作为指标更理想，但在实践中，有的指标在某些情况下不是特别有用，因为不可能获得高质量的数据。一个明显的例子是（紧接上文的漏损水量例子），由于所有管网的节点处都没有安装水表，因此只能估算供排水量。另一个常见的情况是，有的国家不知道管网的实际长度或者不知道节点数量。在这种情况下，建立取决于这些变量（特别是以监管为目的比较这些值时）的指标将毫无意义。

（2）不能用指标来衡量或评估整个管网。比如当评估透明度或管理方法这样的理想值时，虽然建立衡量这些概念某些方面性能的指标在理论上是可行的，但在实践中这些指标反映的情况总是有限的。

（3）有指标用来衡量这个概念，但环境导致不能进行平衡或有用的比较。常见的例子是服务对资源的影响，例如抽水与可利用水资源。虽然有可能找到评估这方面概念的指标，但是通过比较不会给出有关这个概念的现实情况的清晰看法（例如，有的管网的水源是地表水，有的是地下水，有的甚至是淡化的海水，结合资源建立各个管网的可持续发展程度，比较不同的管网系统是很困难的，这对于依赖资源利用的系统来说更不利）。

（4）有可用指标，但无法验证或验证成本过高。指标可能是完美的，但是不可能以独立的方式验证其价值，或者考虑到现有的资源，验证的过程需要过高的成本。

（5）有指标可以衡量该项，但是不可能在两个不同系统之间进行比较，因为环境（物理、社会、政治、经济）显著地限制了该指标的衡量值。

当上述情况出现在本应该帮助监管供排水服务的系统中时，其局限性是不容忽视的，使用这些指标来进行评估只会部分或者错误地反映现实。然而，缺乏任何一种指标都将意味着监管机构没有衡量运营企业在该领域的绩效情况，从而没有发挥出运营企业之间标杆管理和人工竞争的优势。

在缺乏有效指标的情况下，另一种方法是评估实践，它已经在 AquaRating 系统中取得了广泛应用。实践评估的概念相对简单有效。该系统通过只能回答"是"或"不是"的问题来集中评估过程、最佳实践以及某个重要阶段的成就，而不定义结果如何衡量。

一个明确的例子说明了实践的有用性，这是评估如何保证服务访问的复杂问题。该问题不仅取决于运营公司，而且常常与市政相关。表 1-2 显示了 AquaRating 系统中评估该项目的六项措施。

AquaRating AS1.1 项目——保证"接入"服务　　表 1-2

1	有计划地将饮用水服务扩展到目前无法在家接入管网的家庭，并制定覆盖目标和截止日期，这些目标和截止日期等于或高于有关当局的要求。（如果在上一年度的评估中，接入供排水管网的家庭占所有评估家庭的 99.9%以上，并且经过"主要官方机构"公布的数据或平均可靠性在 0.8 或 0.8 以上的 AS 1.2（>99.9%）证明正确，则可认为以最大的可靠性完成了该项实践）

2	对于没有接入供排水管网的家庭，采用其他饮用水供应方式，保证每个家庭距离取水源小于500m，并且保证服务的质量与连续性。（如果在上一年度的评估中，接入供排水管网的家庭占所有评估家庭的99.9%以上，并且经过"主要官方机构"发布的数据或平均可靠性在0.8或0.8以上的AS1.2(>99.9%)证明正确，则可认为以最大的可靠性完成了该项实践）
3	对于尚未接入污水管网的家庭，制定的污水管道覆盖计划、覆盖面积目标和截止日期等于或高于有关当局的要求。（如果在上一年度的评估中，接入污水管网的家庭占所有评估家庭的99.9%以上，并且经过"主要官方机构"发布的数据或平均可靠性在0.8或0.8以上的AS1.3(>99.9%)证明正确，则可认为以最大的可靠性完成了该项实践）
4	针对低收入人群实行专门的水价制度或补贴方案，以促进饮用水和/或卫生服务的正常消费
5	通过补贴账单或信用透支，针对低收入人群实行专门的水价制度或补贴方案，以促进饮用水和/或卫生服务的正常消费。（如果在上一年度的评估中，接入供排水管网和污水管网的家庭占所有评估家庭的99.9%以上，并且经过"主要官方机构"发表的数据或平均可靠性在0.8或0.8以上的AS1.2和AS1.3(>99.9%)证明正确，则可认为以最大的可靠性完成了该项实践）
6	有专门的部门或特别运营区负责规划或治理没有饮用水或卫生服务的区域。（如果在上一年度的评估中，接入供排水管网和污水管网的家庭占所有评估家庭的99.9%以上，并且经过"主要官方机构"发表的数据或平均可靠性在0.8或0.8以上的AS1.2和AS1.3(>99.9%)证明正确，则可认为以最大的可靠性完成了该项实践）

这种评估方法的缺点是，它不能保证服务绩效达到一定的水平。尽管如此，这些实践应用仍有如下优势：

（1）对于运营企业来说，这意味着它们能够更快更明确地给出可靠的答案。得到可靠的变量值（比如饮用水服务人口数）常常是一个复杂的问题，结果常常会有一定程度的不确定性，而只回答"是"或"不是"就容易多了。

（2）同样地，如果数据具有一定程度的可靠性，则更容易进行分类陈述。例如，在测量水表时很难保证不确定性（如保证误差范围在10%以内）。然而，更容易检查是否对停止的仪表进行了监测，是否制定了更新这些仪表的政策，以及是否有程序来估计仪表中的误差。

（3）实践会帮助未来的业绩取得进展。直到将来的某一时刻，某些定量指标值才会反映出水务公司所做出的重大努力（如更新管网）。而最佳实践是否完成对于评估可能更有效。

（4）有时，实践可以判断是否达到了最低要求。如果监管机构希望达到某一水平，但不鼓励超过这一水平的改进（这可能不是有效的），则无需使用指标进行衡量，而只需简单地设置一个是/否达到了最低要求的问题。

实践评估可以与传统的指标评估互补。虽然实践评估在供排水服务监管机构中并未获得普及，但在未来很有可能被用于补充现有的绩效评估体系。

1.6　绩效评估分析

如果没有对指标值和其他评估项目进行恰当的分析，没有得出准确的结论，即使是最好的绩效评估系统也会变得毫无用途。

不幸的是，绩效评估并不是一门精确的科学，当比较不同服务的行为时，它就显得不那么科学了。特定的条件会对达到某些绩效水平的能力产生重大影响。

例如，在地势平坦的地区，依靠重力供排水几乎不需要泵送管网，它和以地下水作为水源的崎岖地区供排水的管网所需的能耗是不可能一样的。很明显，这两种管网的能源成本将大大的不同，不考虑环境影响而直接比较两者毫无价值。

众所周知，对绩效指标进行评估时需要具体情况具体分析，但是还没有一套方法可以排除方法本身或进行分析的人对评估造成影响，无法保证计算出来的指标独一无二并且前后一致。

毫无疑问，上述情况是指标作为决策制定工具和基准分析的最大缺点之一。然而，还没有克服这个困难的其他办法，基于指标的绩效评估系统仍然是最适合这个任务的方法。

综上所述，衡量绩效的监管机构的角色应该是一个公正的法官，这在比较不同环境下的运营商的绩效时是不太可能的。基于一组指标值的绩效评估有两个基本方法，这两个方法毫无疑问地独立于之前提到的指标系统：

（1）计量经济模型。这些是分析因果关系的统计模型。通过这种方式，可以确定某一绩效方面是来自于服务层面还是管理层面。Ofwat 是使用这些技术的先驱，正如经济合作与发展组织的报告中所述的那样："这就是 Ofwat 发展成熟的计量经济模型作为衡量被监管公司的效率基准的原因，同时还可以控制那些影响绩效的外在因素"。

这些模型的优势在于它们不依赖于监管机构工作人员的意见或经验就可进行统计分析。这些模型根据不同水务公司拥有的资源制定该公司应达到的绩效水平，因此能够得出运营企业的效率。

然而，这些模型极其复杂，只有少数专家（大多是学者）能真正理解模型的工作原理。此外，该模型只适用于实际使用过的数据，因此选择指标或参数以及所使用的数据的质量会大大影响输出结果。

或许这就是为什么 Ofwat（最近改变了英格兰和威尔士用于评估运营企业的模型）现在决定使用多个模型并计算模型输出的平均值来进行分析的原因。这个改变至少让我们质疑这些模型输出结果的准确性。一方面，使用多个模型意味着将会得到不同的结果；另一方面，不知道哪个模型在评估效率方面优于其他模型，而取平均值的做法似乎也不太合适，况且很多人并不满意这一结果[①]。

（2）分析评估。第二种备选方案是基于人为因素，包括评估指标值，由聚类技术、筛选和评估项目的图形形式支持。乍一看，这是一个不太复杂的技术，而且评估人员的经验、知识和判断力是得到充分评估的关键性因素，这可能导致结果出现偏差。然而该技术仍有几个值得推荐的地方：

1）透明性。与前面提到的统计方法不同，分析评估指标具有绝对的可追溯性。所有结论都可以由第三方进行论证和跟进。没有复杂的数学模型或"黑匣子"产生来路不明的结果。

---

① 从企业提交给 Ofwat 的陈诉（为此目的而雇佣的大学专家准备的）中可以看出，经济计量模型和统计方法常常会在使用和配置中产生差异。

2）简单性。如果理解如何得出结论的过程不是相对简单的，那么该方法的透明性将没有特别的意义。对于计量经济模型来说，即使知道模型模式和参数细节，分析评估的优点和缺点也是一件极其复杂的事情。在分析评估指标中没有灰色分析领域。

3）灵活性。实际的供排水服务非常复杂。统计方法需要一定的参数，无论是直接的（定义了影响效率的因素）还是间接的（在模型中没有被定义的因素，但实际上是来自于事先选择好的一组有限的指标）。一旦模型建立好了，虽然可以修改它，分析评估可以考虑额外因素和特殊情况，但不能保证不影响其他已有的评估。

4）考虑数据质量的能力。如前所述，水务部门中常见的问题之一是缺乏可靠的数据。然而，没有参考文献提到过统计方法该如何利用具有不同程度的不确定性和/或可靠性的数据。同样地，将上诉情况纳入分析评估也会是一个复杂的任务[①]。尽管如此，鉴于前面提到的灵活性，分析评估至少可以处理该问题，评估的负责人可以根据数据的可靠性有选择性地采用信息。

不可否认，由一个人或一组人负责执行的基于指标体系的绩效评估，其评估结果可能会出现偏差。但是由于选择模型、参数设置等原因在计量经济模型中也可能产生偏差，随着缺点的增多，处理过程的透明度将降低。

目前如 Ofwat 之类的许多监管机构有可靠的统计模型来建立有效的评估方法，并且有许多支持这一做法的参考文献。不过，监管机构也开始受到控制[②]，并且人们开始认为使用不太复杂的工具比使用透明度低的模型更好。因此，监管机构如 ERSAR 选择了一个简单的模型，过去是由监管机构确定绩效是否合适，而不需要诉诸统计模型。通过使用这种方法，任何想做平行评估的水务公司都可以获取大部分监管机构使用的信息。

1.7　结论

供排水和卫生服务是人类生活和社会发展的关键因素。提供这些服务关系到人权，因此从大体来说，对社会是必不可少的。由于这些服务固有的自然垄断，需要建立监管以保证水务公司透明公正地管理和提供服务，并且提供优质服务，使收费价格与服务质量保持一致。

然而，尽管重要，但由于城市供排水服务的集中监管相对较新，在许多地方甚至还没有建立统一的结构化的监管方式。供排水服务往往与能源部门的监管模式紧密相连，在制定水监管框架时可以且必须考虑其他部门的模型，但不要忘记，这些部门与水务部门之间有明确的区别。更具体地说，由于城市供排水服务中涉及变量的数量，控制服务水平需要特别关注。

尽管如此，世界上许多地区的供排水服务监管常常忘记将评估服务水平作为监管的一个组成部分。但是，在确定合理的水价和制定监管框架时，只谈成本而不首先考虑实际提供的服务水平是不现实的。

---

① 一个两难的局面就会出现，例如：谁做得更好——指标数值好但数据质量低的水务公司还是指标数值差但数据质量高的水务公司？

② 英国议会最近指出 Ofwat 允许水务公司收取过高的水价，导致用户支付了 12 亿英镑的水费。

绩效指标是监管机构评估服务水平是否合乎规定的有力工具，这被称为技术监管。

使用指标系统的结果在很大程度上取决于绩效评估分析。传统上，部门的许多监管机构选择计量经济模型来试图确定绩效是否有效率，这些模型对于水务部门来说可能不是最合适的，因为水务部门的数据质量参差不齐，而且如果我们不是这些技术的专家，解释结果时，模型的透明度会影响我们的分析。

一些监管机构已经开始使用绩效评估分析方法，它们虽然依赖于人为因素，但是使用上完全透明并且具有可追溯性，同时还可以促进参与服务的不同部门之间的交流。

本章参考文献

［1］ Alegre H., Hirner W., Baptista J. M. and Parena R. (2000). Performance Indicators for Water Supply Services. Manual of Best Practice Series. IWA Publishing, London, ISBN 1900222 27 2, 160 pp.

［2］ Alegre H., Baptista J. M., Cabrera Jr., E., Cubillo F., Duarte P., Hirner W., Merkel W. and Parena, R. (2016, final draft). Performance Indicators for Water Supply Services, 3rd edn. Manual of Best Practice Series, IWA Publishing, London.

［3］ Buchberger S. (2011). Research & Education at the Nexus of Energy & Water. PowerPoint presentation.

［4］ Danilenko A., van den Berg C., Macheve B. and Moffit L. J. (2014). The IBNET Water Supply and Sanitation Blue Book 2014. The International Benchmarking Network for Water and Sanitation Utilities Databook. International Bank for Reconstruction and Development/The World Bank. ISBN 9781464802775.

［5］ Instituto Nacional de Estad. stica, INE (2013). Estadistica sobre el suministro y saneamiento del agua. http://www.ine.es/dyngs/INEbase/es/operacion.

［6］ ISO-International Organization for Standardization. (2007a). ISO 24510: 2007. Activities relating to drinking water and wastewater services-Guidelines for the assessment and for the improvement of the service to users.

［7］ ISO-International Organization for Standardization. (2007b). ISO 24511: 2007. Activities relating to drinking water and wastewater services-Guidelines for the management of wastewater utilities and for the assessment of drinking water services.

［8］ ISO-International Organization for Standardization. (2007c). ISO 24512: 2007. Service activities relating to drinking water and wastewater-Guidelines for the management of drinking water utilities and for the assessment of drinking water services.

［9］ Krause M., Cabrera Jr., E., Cubillo F., D. az C. and Ducci J. (2015). AquaRating: An International Standard for Assessing Water and Wastewater Services. IWA Publishing. ISBN 9781780407395.

［10］ Malyshev N. (2010). Regulatory Frameworks in OECD countries and their Relevance for India. Presentación. http://www.oecd.org/gov/regulatory-policy/44933928.pdf (accessed November 2015).

［11］ Marques R. C. (2011). A Regulaçao dos serviços de abastecimento de agua e de saneamiento deáguas residuais. Uma perspectiva internacional. Instituto Regulador de Águas e Resíduos.

［12］ Naciones Unidas (2011). A/HRC/RES/18/1-Resolución aprobada por el Consejo de Derechos Humanos 18/1. El derecho humano al agua potable y el saneamiento.

［13］　OECD（2011）．Meeting the challenges of financing water and sanitation．ISBN 9789264120518.

［14］　The Guardian（Jan 13th，2016）．UK households overpaying for water supply due to regulator miscalculation．http：// www. theguardian. com/money/2016/jan/13/ukhouse holds-overpaying-water-regulator-miscalculation.

［15］　WICS（2002）．Commissioner's Corporate Plan．Water Industry Commissioner for Scotland，UK.

第 2 章　葡萄牙水和废物服务的监管模式：综合方法

2.1　水和废物服务有多重要?

饮用水供应、废水管理和固体废物管理已经在全球范围内变得越来越重要，这是任何一个国家社会和经济发展的公共基础服务。

它们对环境和公共卫生有着重大影响。可以证明，寿命最长最健康的社会是那些对这类服务高度关注的国家和地区；相反，最高死亡率主要发生在对这些服务缺乏足够重视的国家和地区。

因此，政策制定者把这些行业明确列为优先考虑的行业，在全球范围内公众舆论对这些行业也越来越重视。

2.2　国际框架是什么?

国际上制定了许多政策措施来引起政府对水和废物服务的重视。

值得注意的是，联合国在 2000 年通过的千年发展目标在人口覆盖率方面制定了供排水服务的目标。这份文件设定了各国在 2015 年之前要将不能得到安全水的人口减少一半的目标，这一目标在许多情况下尚未实现。

此外，2010 年联合国大会宣布，获得安全饮用水和卫生是人类生活的基本保障，再一次强调了这些部门的重要性。

这意味着所有公民都有权通过传统的集体制、简化的集体制或个体制来获得对公共卫生和环境保护至关重要的适当和安全的供排水服务。作为人类生活的基本保障，这些服务必须是可实际获得、规模适当、卫生安全、负担得起，并且在文化上是可接受的。必须确保公民有参与决策、享受无歧视服务、监督现况及获得定期报告的权利。

这些权利还意味着联合国各成员国有义务采取必要的措施来保障这些权利。成员国通过其政府落实这些权利——尊重、不威胁或不限制准入的义务，即保护包括水务提供者在内的第三方不受威胁或限制的义务，以及通过支持公民准入来履行这些权利的义务，通过教育促进基本卫生保健，并实际为最弱势的公民提供机会。

必须要澄清的是联合国的决议并不意味着各成员国必须立即为其全体人民提供这些服务，因为这通常是不可行的。他们不需要直接提供这些服务，因为他们可以通过不同的利益团体来提供这些服务，而且他们不必提供免费的服务，因为他们可以而且应该与水价挂钩。

总的来说，这些权利意味着各成员国应该定义和实施适当的一致和综合的供排水服务公共政策，并对其实施承担主要责任。

千年发展目标和关于获得安全饮用水和卫生作为基本人权的联合国决议本身不应被视为目的，而应视为在使用权方面取得的进一步发展机会。它们的实施需要长期规划，逐步实现，并将在财务和后勤方面有很高要求。

固体废物管理服务虽然不被视为人权，但是仍然可以借助它们的相似之处从供排水服务的新框架中获得益处。

2.3　水和废物服务的公共政策是什么？

促进这些服务发展以提高当地人民生活质量应该是所有国家的目标。然而，这些服务具有投资和运营成本高的特点。为确保发展的可持续性，以全面统一的方式，在所有重要方面进行适当的监管是至关重要的。这意味着要使用各种各样的方法——在行业中确保制定相应的公共政策，在全球范围内统一规则，并对可用资源结果进行优化。实施合理的公共政策将避免损失巨额投资而不能保证获得预期的社会利益。

因此，各国政府有责任创造必要条件，使全体人民都能逐渐得到水和废物服务，并创造适合公共政策的条件。

总的来说，任何关于饮用水供应和废水管理的公共政策以及类似的关于固体废物管理的公共政策都应该形成一个全球性的、综合的、全方位的方法，该方法包括以下几个组成部分：

（1）各部门战略计划的采用；

（2）立法框架的定义；

（3）制度框架的定义；

（4）治理服务的定义；

（5）接入目标和服务质量目标的定义；

（6）关税政策的定义；

（7）财务资源的提供和管理；

（8）基础设施的建设；

（9）改善结构和运行效率；

（10）人力资源建设；

（11）促进科研和发展；

（12）经济活动的发展；

（13）引入竞争；

（14）用户的保护、意识和参与；

（15）信息的提供。

水和废物服务公共政策的成功实施关键在于要找到一个有效的全球性的综合方法以确保同时管理所有这些组成部分实施的能力。

重要的是要注意，这些组成部分中的一个或一部分的实施通常不足以确保这些部门的可持续性，因为这并不能以一种长期的方式达到预期的结果。例如，如果在任何一个地区有可能利用合作和发展援助资金提供和管理财政资源搞基础设施建设，但不具备其他的部分，如良好的立法框架、合适的体制框架、良好的服务治理模式、有效的关税政策和人力资源能力建设，则成功的几率非常小，投资也不会有预期的回报。

此外，必须考虑到公共政策的实施要基于其复杂性和需要大量成本的事实，它应该是渐进性的，重点要放在国家优先项目上，并特别留意那些最急需用户的需要。

2.4　监管在公共政策中的作用是什么？

监管应该被看作是水和废物服务公共政策中的一个组成部分，但鉴于其促进或控制了其他大多数部分，所以它扮演了一个非常重要的角色。它可以被看作是解释和实施法律、政策和法规的程序，以达到水和废物服务的全球目标。

在大多数情况下，它的目的是使国家在适合的层面上促进基础公共服务有效和高速发展，维持社会可承受的价格和用户可接受的风险水平，同时确保这些服务提供商的经济、社会和环境可持续性。其目的是在这些目标之间找到最佳的平衡，特别是不论所有制模式是公有的还是私有的，都要确保对用户的透明度。

虽然在监管中用到的模式和强度水平常常不同，但在讨论国家应该扮演的角色时，无论是从着重基本功能的狭隘视角，还是从包括直接干预经济在内的最广阔视角来看，监管都是国家的主要职能之一。

然而，监管并不是解决所有问题的办法，而只是一个与公共政策相关的工具，而且在和政策保持一致时更有效。

2.5　必须采取什么监管措施？

2.5.1　监管模式

对实施公共饮用水供应、废水管理和固体废物管理服务的监管模式应当进行充分的反思，从而促进各方面服务的改进，寻找理想的全局而不仅仅是局部的解决方案。

当设立水和废物服务的监管机构时，必须确定一个清晰有效且相对这些服务的地域性而言是合理的监管模式，同时获益于其他活动部门的监管经验，当然也受益于国际经验。这种透明度是必不可少的，以便使所有参与该行业的利益方，尤其是公用事业，都事先了解监管模式的规则，并能更安全地为自己定位。

当然，所采用的监管模式根据相关服务（供排水、废物或其他服务）以及将开发服务的实际情况可以有所不同，同时综合考虑技术、经济、法律、环境、社会和伦理方面的实际情况，以及是否能在短期、中期或长期范围内实施，并且具有独立性、满足性能要求、公正性和透明度的稳定规则。对于用户来说，它应该是清晰、简单和实用的。

因此，该监管模式的概念化取决于现有环境，如水和废物服务的实际情况以及周边的政治、经济、社会和环境因素。

必须理解的是，没有一个通用的解决方案。对于每个实例，无论是一个国家还是一个地区，都应该设计最合适的监管模式，然后添加细节。很明显，引进一个还不适应于一个国家或地区实际情况的监管模式是有风险的。

然而，非常重要的是，监管模式的概念化应以综合全面的方式进行，考虑到本质上既具体又全球性的问题，并寻求水和废物服务的综合监管方法，这可以单独解决各种问题，但也可以通过对相关的各个方面进行适当的平衡，找到最优的全局解决方案。因此，该模型应该通过不同的组成部分来应用，但也要确保它们之间有紧密联系，以加强它们之间的协同效应。例如，经济监管应该是一个促进因素，但也受益于服务质量的监管，此外，饮用水质量监管也应该影响经济监管并从中受益。这种连接应该在几乎所有的监管模式的组成部分之间都能看到。

葡萄牙在过去的 10 年里，ERSAR 设计并实施了一种适合本国国情的监管模式，制定了相应的程序，并开发了所需的技术工具，而且将其应用于大约 500 个水务企业。

基于大约 12 年的监管实践经验，一种力求在各相关层面上找到适当平衡的水和废物服务监管模式的综合方法（缩写为 RITA-ERSAR）被提了出来。该模型综合了各种战略、技术、经济、环境和社会因素，以寻求各方面的适当平衡。它既对整个行业进行监管，又对水务企业进行单独监管，同时以类似的方式，通过进行适当的调整，力求找到最佳的全局解决方案，再应用到不同的公共服务领域，特别是饮用水供应、废水管理和固体废物管理。

如下所述，这种对水和废物服务的综合监管方法是通过两级主要干预手段来实现的：

（1）第一级一般是针对整个行业，设计为行业的结构监管，包括通过澄清操作规则、编制和定期发布有关部门的信息以及行业的能力建设和创新，来促使行业的组织更加完善。监管机构不是把重点放在任何一个特定的水务企业上，而是侧重于整个行业，以建立使其良好运营的组织、规则和工具。因此，它相当于宏观调控干预。

（2）第二级设计为水务企业的行为监管，包括整个生命周期的法律和合同监管、经济监管、服务质量监管、饮用水水质监管和用户界面监管。与结构监管相反，监管机构在此将重点放在这些部门下的每个公用事业运行上。因此，作为上一级的互补方式，它相当于是微观调控干预，随着受监管的公用事业数量增加而加大。

在自然垄断和法律垄断监管效率方面的需要有助于更好地使用部门的结构监管和公用事业的行为监管。分开监管的效率必然比这种互补的方式低。

就公共饮用水供应、废水管理和固体废物管理服务而言，由于它们随着时间的推移保持相对稳定，因此随着市场和技术条件的逐渐变化，有公司的行为监管比部门的结构监管更加盛行的趋势。然而，在对公共政策进行大幅修订时，则会出现部门的结构监管比公用事业的行为监管更加盛行的趋势。监管机构的干预当然应该适应这种趋势。

下文将对部门的结构监管和公用事业的行为监管进行更详细的分析。更多的细节请参阅参考文献。

2.5.2　部门的结构监管

部门的结构监管着眼于整个部门，并应有助于使其更好地组织以及澄清其规则，例如限制公用事业进入市场，以及明确哪些（类型）实体可以提供这些服务的职能分离措施。结构监管还包括一系列通过提供信息和促进利益相关者能力建设来巩固部门并促进其现代化的措施。这种监管是通过对周围环境的直接干预和对公用事业的间接控制以减少或消除不良行为的可能性实现的。在预防逻辑中，它对行为监管的形式、内容和性质有巨大的影响，以至于需要不断地补充。

对部门公共政策的任何定义或修改都必须有监管机构参与,尽管这些监管机构不具备任何此类定义的能力,但因为这些定义是政治性的,监管机构应有助于证实此类选择,特别是为了保证用户的利益、保障公用事业单位的合法权益,以评估社会可接受的风险水平。

至于部门的结构监管,监管机构应有如下贡献:

(1)部门的组织;

(2)部门的立法;

(3)部门的信息;

(4)部门的能力建设。

以下将简要阐述结构监管的每一个组成部分。

2.5.2.1 对部门组织的监管贡献

在结构监管的这个组成部分中,监管机构应有助于制定更好的公共政策,使其合理化,并解决有关受监管的服务和部门组织的任何不当行为,例如,促进水和废物服务的效率和效益的提高,以及对规模经济、范围和过程的搜索。

随后应该监督各部门执行国家战略的情况,并定期汇报任何进展或阻碍。

2.5.2.2 对部门立法的监管贡献

在结构监管的这个组成部分中,监管机构应起草新的立法或修改现有的立法提案,例如在管理系统的法律框架、关于水和废物服务的技术立法以及监管法规的立法等方面。

这样做将有助于通过拟议立法和颁布法规及建议澄清提供这些服务的规则。

随后应该监督现行立法、条例和建议的执行情况,评估其有效性及改进或替代的必要性。

2.5.2.3 对部门信息的监管贡献

在结构监管的这个组成部分中,监管机构应通过协调和收集、验证、处理、披露有关部门和各自公用事业的信息,向所有部门的利益相关者提供和定期披露全面可使用的信息,同时,也可以利用随之而来的公众参与的积极性来获取信息。

因此,它应有助于巩固一种简明可信的实际文化,无论提供这些服务采取的是何种管理形式,都可以很容易被大家理解,并可扩展到所有公用事业。它应该能够从部门内创建的众多数据中获得信息,并提供相应的知识,从而确保从总体上获得所有用户和社会资料的基本权利。

2.5.2.4 对部门能力建设的监管贡献

在结构监管的这个组成部分中,监管机构应通过与知识中心、直接或间接推广的研讨会和会议、第三方支持的活动、进行民意促进的部门研究和开发等的合作,给公用事业提供技术出版物支持,以激发这一领域的学术积极性。它还应该使自己能够回答不同部门的利益相关者提出的各种问题。

通过这种方式可以促进公用事业技术能力的建设,并鼓励国家商业部门的合并。

2.5.3 公用事业的行为监管

与此同时,监管机构的策略还应包括在市场上对公用事业采取的行为监管,如法律和合同、经济、服务质量、饮用水质量以及用户界面等方面,这些内容将在下面阐述。

通过绩效评估和标杆管理，并结合在不同地域运行的其他类似公用事业的成果，加强监管的组成部分。这些机制采用一种具有教育意义和正面鼓励性的思路，使得所有公用事业的平均绩效成绩以某种方式让每个公用事业都受益。为了达到这一点，监管机构需要从公用事业单位得到数据化的信息，以便能够计算出先前定义的绩效指标，并在验证后，与具体的公用事业的历史数据进行比较分析，以便随着时间的推移在不同管理层面看到演变过程，并与其他类似的公用事业进行比较。尤其是，这可以定义绩效级别，并建立符合实际效率目标的新参考。比较的结果应该被公开，这对公用事业单位提高效率施加了压力，因为它们自然不希望受到批评，所以它体现了所有用户的基本权利。

关于提供水和废物服务的公用事业的行为监管，监管机构应该执行：

（1）法律和合同监管；

（2）经济监管；

（3）服务质量监管；

（4）饮用水质量监管；

（5）用户界面监管。

现将这些行为监管的每一个组成部分简述如下。

2.5.3.1 法律和合同监管

在行为监管的这个组成部分中，监管机构应确保在整个生命周期内对公用事业进行法律和合同监管，具体通过分析招标和合同过程、合同修改、合同终止以及系统的重新配置和合并，对合同双方当事人之间的双方和解活动进行干预。

因此，法律和合同监管应有助于确保公众的利益和合法性。

2.5.3.2 经济监管

在行为监管的这个组成部分中，监管机构应确保对公用事业进行经济监管，从而促进价格监管，以确保在他们所提供服务的效率和有效性的环境下，在不损害公用事业必要的经济和财政可持续性的前提下，为用户提供社会可以接受的有效价格。经济监管还包括对公用事业进行投资评估。

由于垄断价格往往高于竞争市场产生的价格，因此要获得较低的价格为公用事业在经济和财政上提供可行性，并为用户提供更为公平的体系，需要监管机构的大力干预。

因此，经济监管应有助于促进这些公用事业的经济和财政可持续性，而且不影响用户对服务的经济承受能力。

2.5.3.3 服务质量监管

在行为监管的这个组成部分中，监管机构应确保对公用事业为用户提供的服务质量进行监管，通过适当地选择可以互相比较的绩效指标来评估其绩效，从而提高反映他们服务水平改善程度的效力和效率。

服务质量监管是与经济监管不可分割的一种绩效监管方式。它限制了公用事业在向用户提供服务质量方面的许可绩效，在效力和效率方面指导公用事业，从而体现了用户的基本权利。

因此，服务质量监管应有利于促进用户服务水平的提高。

2.5.3.4 饮用水质量监管

在行为监管的这个组成部分中，监管机构应确保饮用水质量监管，评估供给用户的水质,比较他们之间的公用设施,并对违规行为进行实时监督。

由于饮用水质量是服务质量的一个方面,并且它与经济监管有着重大的相互关联,因此由同一家机构进行饮用水监管是有明确理由的,但不一定必须遵循这种模式,而且各国情况并非都是如此。

因此,饮用水质量监管应该有助于提高水质和公众健康。

2.5.3.5 用户界面监管

在行为监管的这个组成部分中,监管机构应确保公用事业遵守消费者保护法,特别是对任何投诉进行分析,并促进用户和提供服务的公用事业之间解决投诉。

还应促进服务使用者的参与,建立咨询机制和传播信息。

2.6 结论是什么?

总之,RITA-ERSAR 监管模式如图 2-1 所示,它是葡萄牙监管机构 ERSAR 在十多年前所采用的关于水和废物服务的综合监管方法。

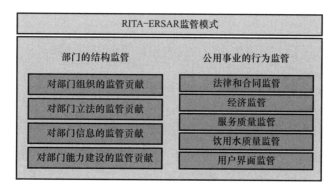

图 2-1 RITA-ERSAR 监管模式

如上所述,这种模式是基于两个主要层面的干预:部门的结构监管和公用事业的行为监管。部门的结构监管对部门的组织、立法、信息和能力建设都有贡献。公用事业的行为监管组成部分包括法律和合同监管、经济调监管、服务质量监管、饮用水质量监管和用户界面监管。

所有这些组成部分需要完美的相互配搭,以形成一个连贯一致的综合模式,其效果取决于这些组成部分之间获得的协同效应。

建议监管机构设立在一个或多个组织中,作为这些部门的主要利益相关者,确保形成一个综合的监管模式,例如公共饮用水供应、废水管理和固体废物管理服务,整个部门和公用事业单独调节,期待为全体公民找到最佳的整体解决方案。

一般来说,该模式应包括对部门的结构监管这一级,其中监管机构应有助于部门的组织、立法、信息和能力建设,还应包括对公用事业的行为监管这一级,其中监管机构应当执行法律和合同监管、经济监管、服务质量监管、饮用水质量监管和用户界面监管。

部门的结构监管应有助于各部门的组织,特别是应用在规模经济、范围和过程的最佳领域组织方面。

它还应有助于各部门的立法，目的是帮助澄清业务规则，这一方面对于通过具有不同外部效力的文书，特别是法律、规章和建议适当地提供这些服务至关重要。

它还应为各部门提供信息，制定并定期向所有利益相关者提供准确和可获取的信息。监管机构应负责建立一个国家信息系统，并把便于所有人理解的简明可信的信息搜集到一起，并扩展到所有公用事业，而不论提供服务所采取的管理形式如何。

最后，要通过适当的技术和专业培训，促进各部门的能力建设，促进研发，创造内在的知识和人力资源能力建设，更好地开展活动，从而确保增强该国水和废物服务的自主权。

公用事业的行为监管当在法律和合同领域发挥作用时，其目的是为了确保在工程期内的任何阶段，即从设计阶段到招标过程、合同签订、服务管理、合同修订和终止都严格地遵守法律和现有合同，并且涉及代理和合同中止的情况时也是如此。

它也应在经济领域发挥作用，以确保水价和适当的税收方案的应用，从公用事业中得到适当的行为、经济和财政效益，同时促进价格合理化，并保持该公用事业的经济和财政可持续性。

它也应在服务质量方面发挥作用，以确保公用事业根据其目标和相应的法律向用户提供适当质量服务。

它也应在饮用水质量方面发挥作用，以确保按照相应的法律，从公共健康利益出发，使公用事业可持续地提供适当品质的饮用水。

它也应在用户界面方面发挥作用，以确保通过遵守消费者保护法来保护用户的权利，保护投诉权和提高公用事业与用户关系的质量。

监管机构应当根据职权、豁免、公正、问责和透明度的原则行事。

如果政治权力机构实施适当的公共政策（包括综合监管办法），监管机构和公用事业适当地履行其职责，用户作为公民发挥积极主动作用，那么就满足了推广与普及随处可获取、持续不断、高质量、有效和价格公平的公共水和废物服务的基本条件，这些都是构成社会和经济发展的重要因素。

本章参考文献

［1］ Baptista J. M. （2014a）. Abordagem regulatória integrada para os serviços deáguas e resíduos. ER-SAR（in Portuguese）.

［2］ Baptista J. M. （2014b）. The regulation of water and waste services-an integrated approach. IWA（in English）.

第3章 英国的供排水监管及其与西班牙的关系

3.1 引言

  人们一直倾向于将监管视为私有化的一部分，其部分原因是20世纪90年代人们对私有化的广泛兴趣使得英格兰和威尔士采用的模式受到了其他国家的密切关注。Rouse长期以来一直认为，监管与提供其他形式的供排水服务相关。独立监管具有客观性、透明度和更大的公信力。这并不意味着一定有一个称为"监管"的机构，因为有些成功的案例，其中重要的方面是由其他组织，如水服务协会和非政府组织（NGOs）提供的。对监管的历史态度如图3-1所示，其中要求所有形式的供排水服务都要符合一般法规和环境法规，但在传统的市政模式中没有客观的经济法规，而且随着与政府职能分离的增加，经济监管也越来越多。

  图3-1是一个强有力的例子，其中的"倾斜"对角线说明了即使在市政层面实施监管的好处。尽管在实践中，这可能需要组建"公司化的"公用事业以脱离和避免不必要的行政干预。关于成功治理方面的讨论不在本章的范围。

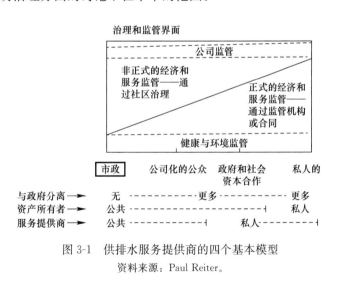

图3-1 供排水服务提供商的四个基本模型

资料来源：Paul Reiter。

  国家采取的监管形式受到历史的影响。英国的法定水务公司，其中一些成立于150多年前，最初是受回报率限制控制的，并且它们的股票支付固定收益。有必要概述一下英格兰和威尔士水产业在1989年引入私有化监管制度之前的历史。此外，还要扼要地介绍一下苏格兰和北爱尔兰的情况，因为它们导致了类似的监管系统的成立，但所有权归公共部门所拥有。

3.2　1989 年以前英格兰和威尔士的水产业发展史

尽管自 1945 年开始采取了重要措施，但重大变革始于 1974 年。《1945 年水法》开启了供排水的整合过程，它要求地方当局成立联合水务委员会。其影响是当时的水务机构（超过 1000 个）已合并到了 1973 年的 198 个。《1948 年河流委员会法》是通过对河流的治理达到污染控制的开始，同时，在《1963 年水资源法》中，河流委员会成为河流管理机构，承担起保护水资源的责任。1963 年的法案设立了一个国家机构，即水资源委员会，就长期水资源需求为政府提供咨询。这些都是重要措施，但在作者看来，《1973 年水法》为 1989 年私有化和管理的改革提供了许多关键因素。

《英格兰和威尔士的水产业发展》（2006 年）一书对这段历史进行了权威的描述。这里给出了关键变革的概要。在 1974 年以前，大部分的供排水服务和所有的污水服务都由地方当局管理。当时有公共供排水服务商 1620 个、地方政府机构和联合水务委员会 198 个、污水处理机构 1393 个，以及河道管理机构 29 个。其中一些水务委员会很大，如伦敦大都会水务委员会，它在 1903 年就由 9 个独立的单位组成，另外一些小型的则由地方当局管辖。如前所述，还有 33 个法定的私营水务公司，其中一些成立于 19 世纪中叶，在 1989 年私有化之前，它们一直保持着其历史性的私有地位和"监管"。《1973 年水法》为建立 10 个区域水务局（RWAs）提供了条件，并将河流流域的边界定为河流系统的分水岭。所有的联合水务委员会和地方当局以及河流当局，都是根据其流域内的位置被纳入了 RWAs，尽管由于历史服务的规定，水和污水之间存在一些差异。当时，水资源委员会被废除，但另一个国家机关——国家水务委员会成立了。一些地方当局对失去他们的公用事业很抵触，并依法起诉了中央政府，试图阻止资产转移，但这些行动失败了。虽然采用流域方法有明显的好处，但是由于失去了与城市管理部门的直接联系导致了供排水规划与城市发展规划的分离。这些变化也导致了地方认同感和公民自豪感的丧失，这在当时引发了一些世界领先的行动，并且对未来的城市也造成了影响。

早些时候，在由当时住房部和地方政府负责的水资源部的 Lena Jeger 议员主持的《理所当然——1970 年污水处理工作组报告》中，强调了就污水处理采取行动的必要性。"Jeger"的报告和 RWAs 所发现的遗留劣质基础设施成为将许多小型公用事业整合成可行规模单位决定的依据。

流域当局论证了可行的公用事业规模以及需要以综合的方式管理河流系统，从而既优化了对供排水的投资，又使河流水质达到了预期的环境改善。1974 年，RWAs 的成立被认为是水资源管理的前进方向。流域管理系统在欧洲其他地方早已到位，其中最著名的例子之一就是在 20 世纪初创建的 Ruhrverband（Ruhr River Association），但是 RWAs 的成立使得河流管理、供排水服务首次在全国范围内整合起来。

1974 年的另一个重大变革是政府停止了对基础设施建设的拨款，从那时起，供排水服务必须得自筹资金。在一些地区，供排水服务收费已纳入地方税收，所以对许多人来说收到水费账单是新的经历。直到那时，消费者还没有体验到供排水服务的成本。目前尚不清楚地方政府是否适当地削减了地方税收，许多人看到他们的服务总支出大幅增加。这种情形的出现也许是因为人们经历了"地方"收费的全面增加，这比后来的私有化更具争议。

尽管 RWAs 的成立被认为是河流系统管理向前迈出的重要一步，但是 RWAs 的监管作用受到了批评。制造行业担心水的提取和排放受到了 RWAs 的监管，而 RWAs 自身由于污水排放对河流水质产生了重大影响。当时 RWAs 被描述成"偷猎者和猎场看守人"。显然，由于可能存在利益冲突，经营者不应该成为监管者。这种反常现象直到 1989 年私有化时才被提及。

《1989 年水法》确立了以下几点：

（1）9 家在英格兰、1 家在威尔士的 10 家 RWAs 都是通过在股票市场上市而私有化的。特别规定 RWAs 的员工和客户获得股份。

（2）当时有 26 家法定水务公司改制成为上市公司，并与 10 家 RWAs 公司以相同的方式受到监管。

（3）RWAs 的监管责任与防洪责任一起移交给新成立的机构——国家河流管理局。

（4）经济监管变得独立于政府，由一个新机构——水务局（Ofwat）处理。

（5）部长有权制定规章来界定饮用水的"卫生状况"。这促使了《1989 年供排水（水质）条例》的出版。

（6）根据环境部的规定，成立一个饮用水检查机构以执行饮用水质量管理条例。

（7）与区办事处建立客户服务委员会。

完整的规定在 1989 年法令中可以看到，并且被整合到《1991 年水产业法》的后部分，该法案就是《合并供排水服务法令》和《对法律委员会建议的修正案》。根据该法案的权力分配，如果水务公司违反任何其执照规定的条款或者法定要求，则部长（即政府负责水务的部长）和 Ofwat 的总干事都可以发出强制执行令。威尔士将行动权于 1999 年成立时移交给了威尔士议会，国家河流管理局于 1995 年成为环境署（EA）的一部分，饮用水质量执行权于 2003 年移交给饮用水检查局（DWI）。当时建立的监管结构与本章写作时的基本相同，如图 3-2 所示。目前负责英国政策的政府部门是环境、食品和农村事务部（Defra）。通过合并和收购，供排水服务提供商的数量已由 1989 年的 36 个减少到 2014 年的 23 个。本章后面将对其作用和责任进行讨论。

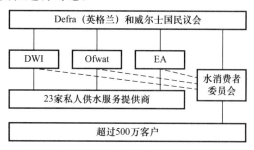

图 3-2 英格兰和威尔士供排水监管结构

威尔士的水务公司——威尔士水务（Dwr Cymru）最初是一家股权型公司，与英国公司相同。2001 年为了避免美国能源公司的收购，威尔士一些有影响力的人士募集资金购买了该公司，并将其转为"基金公司"，该公司不再拥有所有权，而是受托人。

3.3 苏格兰与北爱尔兰

在 1975 年之前，供排水服务提供商主要是地方自治的。1975 年，作为地方政府改革的一部分，供排水的运作被并入 9 个区域委员会。1996 年，供排水服务被分为三个水务局，即苏格兰的东部、西部和北部。这些新的权威机构由一个新机构——苏格兰水产业专员来监管，该机构是由 Ofwat 设计的。苏格兰部门内成立了饮用水检查机构。六年后，这三家机构合并成一个组织——苏格兰水务。

1973 年，随着河流净化委员会的成立，水环境管理也发生了变化，在 1989 年有 7 家这样的委员会。《1995 年环境保护法》创建了苏格兰环境保护署（SEPA）。在 1997 年的全民公投之后，通过了 1998 年的苏格兰法案并建立了苏格兰议会，将权力移交给了苏格兰。

在苏格兰从未有过私人运营，而是采用了类似英格兰和威尔士的监管模式，其水务的监管结构如图 3-3 所示。然而，为了实施一项重大投资方案，其中包括解决基础设施翻新积压的重大问题，苏格兰水务与私营部门进行了合作（《投资苏格兰水产业：2006—2010年的改进》）。

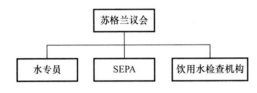

图 3-3　苏格兰的供排水监管结构

在北爱尔兰，通过了《2006 年（北爱尔兰）供排水服务法规》，将这些服务的供应从水务局（区域发展部的机构）移交给了政府所属的北爱尔兰水务有限公司，它于 2007 年 4 月 1 日起生效，当时一个水资源理事会在北爱尔兰公用事业监管机构内成立。类似苏格兰的监管方式被正式采纳。

3.4　英格兰和威尔士监管的发展

在 1989 年私有化的时候，供排水出现了巨大的挑战。由于政府对投资的限制，旧的基础设施被忽视了。有许多供排水处理厂需要翻新和升级，特别是在翻新地下水道和水管方面欠缺大量资金。与此同时，需要进行大量投资以达到饮用水水质的规定以及提高河流和沿海水域的水质。私有化需要这些要求具有透明度，以便使金融市场能够评估投资的要求和风险。确定投资方案和相关水价（牢记没有政府补贴）的公开客观的手段变得至关重要。这不仅是在经济上，而且是在质量上需要强有力的独立监管，还必须听到有效的消费者的声音。图 3-2 所示的监管结构是为了满足这些需求而建立的。每个职能将依次讨论。

3.5　水务局（Ofwat）

首先考虑一下 Ofwat 最初是如何运作的，然后再讨论它是如何带来一系列重大变化的，这些变化将由水资源法案在撰写时通过议会而生效，这是很有价值的。

Ofwat 的作用是确保水务公司以公平的价格为消费者提供优质高效的服务。Ofwat 制定价格限制以促进经济和效率，保护消费者，运行一个有保证的标准方案，并制定和审计泄漏目标。Ofwat 还通过性能指标和标杆管理（服务和交付：2009—2010 年英格兰和威尔士的水务公司业绩）来比较公司的业绩。Ofwat 必须保护消费者的利益，但同时要确保水务公司能够为所需的改进方案提供足够的资金。

通过描述五年期的审查规划过程较好地说明了供排水服务价格制定的主要功能。该过程的步骤是：

（1）经济监管机构（Ofwat）公布时间表。

（2）通过各种市场调研活动进行客户咨询，一些是在开始的时候进行，一些则是在 Ofwat 需要做临时决定的时候进行。这些调查由政府、监管机构、水消费者委员会、水务公司和利益相关者个人共同组织，视调查的范围而定。其目的是为了更好地了解客户期望看到哪些改进，以及他们准备为此支付多少额外费用。

（3）政府公布其目标，包括概要阐述其希望在此期间实现的服务改进。

（4）DWI（饮用水检查局）和 EA（环境署）随后为水务公司预期达到的质量改进做指导。

（5）在水质方面，水务公司随后就如何满足需求与 DWI 和 EA 进行联络，然后由两家水质监管机构对这些建议是否达标进行评判。

（6）水务公司随后提交业务计划，给出改进方案和成本。

（7）Ofwat 需要考虑这些计划以及成本是否现实，并要考虑所需的成本和效率改进，计算所需的水价以支付工资，同时给予公司合理的利润。这些定价作为价格限额被称为价格上限，这是水务公司允许征收的最高平均水价。

（8）记者对 Ofwat 提交评估过程予以协助。记者是独立的专业人士，虽然是由水务公司任命的，但对 Ofwat 负有首要责任。他们的重要作用稍后讨论。

（9）随后对这些价格限制进行审查，包括由政府考虑质量和其他服务的改进是否负担得起，或者某些方面是否应该等到后续阶段再进行。

（10）然后，在 Ofwat 宣布其对每一家公司的价格限制的决定之前，Ofwat 和每一家公司之间进行讨论。

（11）如果公司想对"和解"提出异议，可以向竞争委员会提出上诉，由该委员会进行完全独立的周期审查，其决定是最终决定。

这个过程中的所有文档都是对大众公开的。这个过程大约需要 18 个月时间，但是它具有所有的利益相关者以集体的方式参与的优点。

采用激励方法可以让水务公司取得更好的业绩。在五年期间，公司将获得超额业绩收益，但下一个五年期间的价格上限的起点处于更高的效率水平，从而有利于用户。Ofwat 使用的公式是基于消费者价格指数减去通货膨胀的方法，其中 $K = RPI - X - P_o + Q + S + V$，其中：

（1）K 是每年水价增加的上限；

（2）对每家公司每年有一个允许的 K 值；

（3）RPI 是衡量通货膨胀指标的零售价格指数；

（4）X 是每个公司不同的效率因子；

（5）P_o 是根据业绩与过去五年相比所做的调整；

（6）Q 是质量改进的资金成本；

（7）S 是服务改进的成本；

（8）V 是提供额外供应量的成本。

公式备注：

（1）这些公司就水价问题与当地消费者委员会进行磋商。

（2）Ofwat 根据比较绩效（比较竞争）确定每个公司的 X 效率因子。那些被证明效率较高的公司有较低的 X 值。

（3）P_0 是指在过去五年所确定的 K 值和一个公司取得成绩之间的差值。

（4）质量改善，包括饮用水质和环境水质的改善。

（5）服务改进，包括如系统停机维修服务所需的时间。在保证标准方案中有一个项目将在后面讨论。

（6）在涉及资本投资的所有改进中，允许的资本成本是关键因素，并且可能是最具争议的，详见下文。

客户服务绩效是由 Ofwat 通过保证标准计划（GSS）来进行监管的。服务的保证标准由政府制定。该计划规定了水和污水用户可获得补偿的标准和条件。该计划包括以下内容：

（1）预约和遵守预约；

（2）响应账户查询；

（3）回应投诉；

（4）有计划和无计划的中断供应；

（5）下水道溢水，包括对淹没财产的最低赔偿；

（6）供排水水压低。

其中一个例子是，对于低水压，补偿款是最少 25 英镑。

3.6　经济监管中的几个关键因素

3.6.1　为基础设施融资

水务是一个资本密集型的行业。基础设施尤其是地下水管道和下水道构成了水服务成本的主要部分。然而，与大多数企业相比它的资产寿命很长，而且超出了正常的会计折旧惯例范围。由于这个原因，人们倾向于忽视其资本置换的必要性。大多数国家现在面临的挑战不仅是要为系统扩展和质量改进提供新的基础设施，而且还要满足翻新现有系统所需的大量投资。在监管环境中，无论是公有的还是私有的水务公司都需要自我融资，资本成本在水价计算中都是至关重要的。为了可持续性，必须适当地为将来的置换和翻新收取折旧费。在英格兰和威尔士资本成本是 Ofwat 和水务公司之间激烈竞争的一个"数字"。如果水务公司可以通过股权或更普遍的借款获得融资，那么水务公司就可以通过资本投资来增加利润。这鼓励了资本投资，但客户可能要在短期内为他们的服务支付更多的费用，尽管他们以后的账单可能会更低。然而，如果这些公司无法获得在监管过程中设定的或低于该设定的资本，则水务公司可能会面临无法满足投资的风险。对于监管机构来说，面临的挑战就是找到"恰当"的水平使得水务公司有更大可能在投资和收入解决方案之间做出好的选择。随着定期审查过程开始为 2015—2020 年期间的价格设定了上限，Ofwat 已经发布了一份讨论文件（设定 2015—2020 年的价格控制，2014）讨论其以更低资本成本融资的意图。这已经引起了水务公司的反映，正如《金融时报》和《每日电讯报》所报道的。最后商定的费率将在定期审查完成后给出。

资本成本对水费的影响如图 3-4 所示，资本方面的总开支占水费的 58%。这表明，尽管 X 是价格上限公式的重要组成部分，但财务状况对监管方式的影响可能远大于经营效率因素。

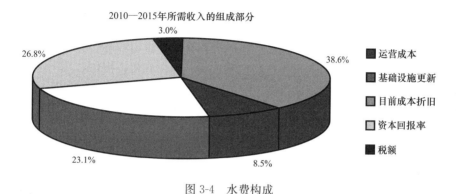

2010—2015年所需收入的组成部分

3.0%

26.8%

38.6%

23.1%

8.5%

■ 运营成本
■ 基础设施更新
■ 目前成本折旧
□ 资本回报率
■ 税额

图 3-4 水费构成

资料来源：Ofwat 资产融资的可行性和为资产融资讨论文件，2011 年 3 月。

3.6.2 确定效率因子

Ofwat 使用比较竞争措施以提高效率（PR09/39 Ofwat 2009）。价格上限公式中的 X 由两个部分组成，一个是适用于所有公司的总体改进因子，另一个是适用于那些被计算为效率不高的公司的追赶因子。Ofwat 使用计量经济和单位成本模型来评估相对效率。对水务公司进行五个等级的评估，从 A 到 E，其中 A 是最有效的，并且相应地确定 X。这个过程依赖于从公司获得准确信息。

3.6.3 检查信息

直到"最近"，Ofwat 才利用记者对提交的监管信息公司进行认证和报道。这些被任命的人由水务公司付钱，水务公司对 Ofwat 有照顾义务。认证过程需要记者和水务公司共同参与，来检查公司提交的材料是否被公开，以及 Ofwat 的政策指导和信息定义是否被公司遵循。Ofwat 在 2000 年向下议院环境审计特别委员会提供证据（证据记录）时，提到它对报告的有效性进行了审查，结论是"记者"程序对署长是有价值的（请注意当时的监管是署长个人的责任），能促使他客观地评估水务公司在制定和介绍其业务计划时使用信息的健全性和有效性。总之，署长应该对这个评估有信心。

苏格兰监管机构也依靠记者来检查数据的有效性。在一份给水务专员的报告中顾问们表示，"记者在质疑苏格兰水务的意见书、确认提交的标准成本根据，以及评论任何材料问题如数据来源、方法、假设和遵守定义等方面的作用是值得信赖的"。

记者的使用成为政府撤销监管政策的重点，以减少行业的监管负担。对 Ofwat 的评审（2011 年 Ofwat 和水务部门的消费者代表评审）由政府委托。水务公司将记者的费用和他们审计数据的费用列入（他们认为）不必要的开支项目清单里。因此，Ofwat 已经停止使用记者，尽管一些水务公司仍认为他们很有用，还将保留其服务。本章后面将讨论撤销监管可能会造成的影响。

3.7　饮用水检查局

饮用水检查局（DWI）是在地区水务局私有化时成立的。DWI 具有独立的执行权和起诉权，其工作包括：

（1）检查与水安全规划相关的风险评估是否充分；

（2）对水处理厂、服务的水库和实验室是否符合规定进行检查；

（3）由水务公司进行饮用水水质自我监测审核，确保其符合规定；

（4）对不遵守规定的采取强制措施；

（5）起诉供应不适于人类饮用的水的公司（这将在本章后面讨论）；

（6）编制和发行年度独立报告；

（7）与水消费者委员会密切合作，追踪消费者对饮用水水质的投诉；

（8）就饮用水水质的各个方面为消费者提供咨询服务。

DWI 在定期规划过程中扮演着重要角色——在交付条款中解释政府目标，为水务公司制定商业计划提供指导。DWI 通过审查水务公司的建议来评估其是否满足要求，并监督其交付方案具有法律约束力。

饮用水水质监管的成功如图 3-5 和图 3-6 以及表 3-1 所示。图 3-5 显示了截至 2003 年期间每年有大约 300 万次测试达标。条例在 2004 年有所变动，不同基准的遵守程度见表 3-1。每年都有少数但不同情况的不合规发生，这表明已经达到并保持了可实现的最高值。

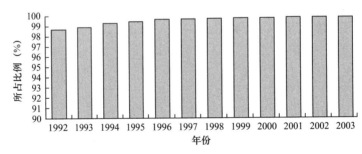

图 3-5　在 1992—2003 年期间符合英格兰和威尔士饮用水质量标准的测试所占百分比

资料来源：饮用水年检报告（www.dwi.gov.uk）。

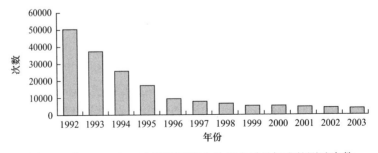

图 3-6　在 1992—2003 年期间不符合饮用水质量标准的测试次数

资料来源：饮用水年检报告（www.dwi.gov.uk）。

饮用水水质符合规定的百分比　　　　　　　　　　　　表 3-1

年份	2004	2005	2006	2007	2008	2009	2010	2011	2012
符合规定的百分比（%）	99.4	99.6	99.6	99.6	99.6	99.5	99.6	99.6	99.6

资料来源：饮用水年检报告（www.dwi.co.uk）。

对于每个不达标的情况，DWI 要考虑它是否是"微不足道"的（没有定义或没有考虑每个情况）以及是否不太可能再次发生，根据情况来决定不采取任何行动或者采取强制措施。强制执行具有法律约束力。如果不达标是由水务公司控制之外的情况造成的，则必要的补救措施费用可能会计算在下一次定期审查的费用中，或者如果对公司的总成本产生重大的影响，则 Ofwat 可以在下一次审核之前进行调整。

综上所述，除了强制执行权外，DWI 还可以起诉提供"不适合人类饮用的水"的公司。立法中没有定义"不适合人类饮用的水"，而是由法院逐案裁决。在实践中它既可以是致病的水，也可以是因味道、气味或外观原因而不宜饮用的水。例如，锈迹斑斑的水在法庭上被裁决为不适合人类饮用的水。在他们的辩护中，水务公司必须证明他们"没有合理理由怀疑水将被提供给人类使用"，或者他们"采取了所有适当的措施，并且尽了最大的努力"来确保水在离开管道时是可供人类使用的。饮用水检查局很少进行此类起诉，检控案件数以十计，而强制执行数则以千计。强制执行能够保证更快速地改善情形，从而有利于水的消费者。起诉权可起到巨大的威慑作用，法院可对公司或个人处以罚款，或者判处最高两年以内的徒刑。强制执行权和起诉权一起为保护消费者提供了非常有效的监管制度。

3.7.1 环境署（EA）

讨论了英格兰和威尔士的 EA，苏格兰和北爱尔兰的运作方式与此类似。

EA 是一个在整个环境问题上负有环境保护责任的大型组织。它还负责河流航行和洪水治理。对后者而言，在 2013—2014 年的英国冬季洪水期间 EA 承受了很大的压力，在此期间，遭受洪水影响的人们认为它优先考虑的是生态问题而不是治洪问题，特别是它被指责没有进行疏浚。政治压力要求重新启动这种做法。在平衡环境保护和水资源责任方面，EA 也有类似的艰巨任务，在 2003 年的"干旱"之后，在上议院委员会的报告（《2006 年水资源管理》）中批评它对水资源的供应关注太少。作者不是在批评 EA，而是指出 EA 在正确平衡冲突的责任和相关政治方面所面临的艰巨任务。

EA 表示它为保护和改善环境以及可持续发展做出了贡献。它列出了自己的职责包括：
（1）重点工业的监管；
（2）洪水和海岸风险管理；
（3）水质和水资源；
（4）废物监管；
（5）气候变化；
（6）渔业；
（7）被污染的土地；
（8）保护和生态；
（9）海上交通。
在履行水资源管理（在前面水质和水资源项下列出的）和环境保护方面的共同职责

时，EA 有许多工具，包括批准水务公司的水资源计划、取水许可证和排放许可等。水务的宏图涉及河流治理，包括执行欧盟水资源框架指令的责任。水务公司每年需要向 EA 提交更新的 25 年水资源计划，这些计划为定期审查水资源提供了依据。在考虑这些计划时，EA 必须考虑到它对水资源的需求以及取水对环境的影响。

从任何湖泊、河流或蓄水层中取水都需要得到 EA 的许可，除了那些不是用于商业目的的独立井。过去，许多主要的取水许可证都被授予了水务公司，而且人们对河流流量低的影响并不那么担心。在目前通过的议会立法中，EA 将有权对这些取水许可证进行"重新谈判"。

所有污水处理工程都必须有许可证才能以 EA 同意的形式排放到环境中。许可的条件被设计用来保护受纳水道。排放量越大、水道越小，条件可能越苛刻。此外，《欧洲城市污水处理指令》要求为 2000 人以上提供服务的所有工程至少进行二级处理。二级处理（沉淀和降低有机物含量的生物处理）通常从未经处理的污水中去除 95％的 BOD（生化需氧量）、95％的悬浮固体、29％的氮和 35％的磷。获得许可的程序可见 EA 网站（http://www. environment-agency. gov. uk/business/topics/water/32038. aspx）。

EA 监测河流水质。截至 2010 年，这是通过一个称为通用质量评估计划（GQA）的监测系统实现的。环境监管行动已经取得了显著的进步，正如图 3-7 所展示的英格兰和威尔士达到质量优良的河流百分比情况。

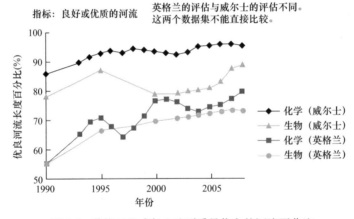

图 3-7　英格兰和威尔士达到质量优良的河流百分比

资料来源：英格兰和威尔士环境署（www. environment-agency. gov. uk）。

根据每年两次的生物调查和每年 12 个化学和营养的采样，GQA 分为六类：很好、好、较好、可接受、一般和不好。表 3-2 列出了河流和运河的化学结果以及从 1990 年至 2004 年良好类加起来的化学结果的比较。

1990 年至 2004 年间英格兰和威尔士河流和运河的化学状况比较　　表 3-2

化学状况	英格兰		威尔士	
	1990（％）	2004（％）	1990（％）	2004（％）
好	43	62	86	94
一般	40	31	11	4
不好	14	7	2	2
很不好	3	1	1	0

资料来源：环境事实和数据（环境署）。

随着《欧洲水框架指令（WFD）》的使用，2008 年引入了一种新的方法。为了建立比较的连续性，GQA 一直同步运行到 2011 年。WFD 监控更加严格，并使用基于风险的方法进行分类，它使用"一出即出"的原则，这意味着分类是基于最差的那个结果。它采用了 30 种措施，覆盖了生态状况和化学状况。它不仅覆盖了河流，也覆盖了河口、沿海水域、湖泊和地下水。所有的研究结果都已经发表了。

3.8 水消费者委员会

消费者的"水声音"不是监管机构，而是监管体系的重要组成部分，尤其是在英国式的系统中，供排水服务提供商不是市政府，也没有民选官员参与。水消费者委员会在为消费者提供定期审查的官方渠道和处理用户投诉方面发挥着重要作用。关于水消费者委员会的作用和工作描述，请参阅参考资料（Rous，2013，第 234～237 页）。

3.9 1990 年供排水服务系统监管引进以来的经验

在私有化时期，对老化的基础设施以及满足饮用水和环境质量标准方面的投资都是迟滞的。在 1990 年至 2012 年期间，英格兰和威尔士的供排水投资约为 1000 亿英镑，是上一个公共部门期间的两倍。由于没有政府投资补贴，这已经或正在通过水费支付。在 1990 年至 2007 年期间，平均水费实际增加了 37%。Ofwat 估计（2007 年英国水务新闻稿），效率的提高已经吸收了 70% 的投资成本，否则水费会增加更多。然而，水费上涨并不均衡，一些地区如英格兰西南部，水费支出已经成为国内支出中更重要的一部分。这是由于长输送系统和长海岸线需要大量投资而这些地区人口相对较少造成的。作者认为，在过去，当大型水务公司被禁止接管西南水域时，一个成本可以分散到更多人头上的机会被错过了。政府已向该地区的个体消费者提供补贴。

根据《欧洲饮用水指令》（98/83/EC）的要求，饮用水质量已经改善到几乎 100% 符合规定（见图 3-5 和图 3-6 以及表 3-1）。河流水质改善的部分原因是污水处理排放的改善，但还有许多因素与环境水质有关。在翻新恶化的自来水管道和下水道方面进行了重大投资。水输送泄漏已经减少，但仍有许多工作要做。从物流方面来看这个挑战，英格兰和威尔士的供排水管道如果从端到端连接将环绕世界六次。

成功的原因有很多；在直至 1989 年的长期发展过程中，当水务已经自给自足，水费可以收回全部成本时，投资水平就不再受到政府公共贷款的限制，有一个强有力的监管制度，水费定价可以不受政治因素、私营部门商业能力的高低、行业内对问题的了解和解决问题的知识是否渊博等因素的限制。笔者认为，所有这些都有助于成功，但在很大程度上要归功于在早期有经验丰富和知识渊博的水"人"，他们具有公共服务伦理，能够在更动态的工作环境中取得进展。换句话说，公共服务价值观和私营部门能量之间是互相协调的。现在，在公共部门中成长起来的高级水资源管理人员寥寥无几。有人认为，这是一件好事，因为竞争将确保高标准。从长期来看，不好的企业被淘汰是必然的。一般来说这没关系，因为在大多数商业领域，失败并不会带来公共卫生问题。将公共卫生置于短期收益风险是没有意义的（即水费偏低）。在一个完全由商业驱动的环境中，监管机构在保护公共卫生方面发挥着关键作用。这方面的讨论回到了在写作时通过议会进行的水法的讨论。也许人们已经预料到，由于 1974 年引入了基于流域的供排水服务以及 1989 年引进了私有化改革，将不会有进一步革命性的改变，但水务永远不会离开政治。

3.10　《2014 年水资源法案》

2010—2015 年联合政府的目标之一是减轻监管的"负担"，特别是减少小型企业的"繁文缛节"，但所有的行业监管都受到了审查。三份以作者的名字命名的政府委托报告对最近的水务立法产生了影响；按时间顺序分别是：Walker 报告（2009 年关于家庭供排水服务收费的独立审查），Gray 报告（2011 年关于 Ofwat 和水务部门消费者代表的报告），以及 Cave 报告（2009 年关于水市场竞争与创新的独立审查）。

Walker 报告称，对家庭供排水服务收费的独立审查虽然以其在国内计量方面的建议而闻名，但也涵盖了其他一些重要方面。它提出了关于用水效率、坏账问题、洪水和地表排水问题、英格兰西南部的高水费和针对低收入消费者的一揽子援助的建议。在《2012 年水产业（金融援助）法》中，规定英格兰西南部的用户从 2013 年 4 月起可获得 50 英镑的账单减免。《2010 年洪水和水资源管理法》第 44 条允许英格兰和威尔士的供排水公司在它们的收费计划中加入社会关税，以减少那些在支付全额账单方面有困难家庭的费用。该法案要求国务大臣对供排水公司和 Ofwat 进行指导，并要求供排水公司和 Ofwat 遵守指导意见。2013 年的一项私人成员法案（即不是由政府提出的）旨在将水费限制在可支配收入的 5％ 以内，但议会没有足够的时间使其成为法案，然而根据 2010 年法案的规定，所有水务公司都在引入社会关税。

Cave 报告——对水市场竞争与创新的独立审查，建议对供排水服务更多地采用市场调节。报告涉及取水、排放许可、竞争和研究。在取水方面，它建议使用完全可交易的许可证并且采用更多基于风险考量的方法发放许可证。它建议排放许可证也应该是可交易的，但要接受环境影响评估。报告提出的一个主要改变是，从水务公司负责水资源、水处理、水分配和零售服务的纵向整合转变为能源产业中每个组成部分发放单独的许可证。该报告建议将水务公司的零售职能分开。在 2011 年 12 月政府发布了一份白皮书（《2013—2014 年水资源法案》），它表示并没有提议抛弃纵向整合，称"它不希望放弃一个成功的模式而使未来承担风险"。它在起草《2013—2014 年水资源法案》时改变了主意。Cave 对水务公司开展的低水平研究非常不满，他说"英国和威尔士议会政府、行业、监管机构、供应商、研究委员会、技术战略委员会和其他利益相关者应该共同组建一个国家水资源研究与开发机构，并达成一致意见以及共同研发产业愿景"。它建议设立每年 2000 万英镑的研究基金，为期十年，Ofwat 负有促进创新的法定职责。在随后的立法中对研究没有再提及。

Gray 报告是关于 Ofwat 和水务部门消费者代表的报告。在消费者代表问题上，水消费者委员会（CCW）获得了一份全新的卫生法案，该法案在引进社会关税方面发挥了重要的作用。报告中的一份声明如下："审查小组强烈地认为，在可预见的未来，该部门需要有作为的消费者代表，而目前由 CCW 承担的职能应在任何新方法中得到维持和保护。"事实上，我们能够看到消费者的作用可以扩展的领域。Ofwat 关于定期审查的三个关键点如下：

（1）Ofwat 需要更有建设性地和有效地与整个部门的所有利益相关者进行合作，并在决策过程中更加透明。

（2）Ofwat 应设定明确的目标和时间表，以减少价格控制和合规流程的负担，并与行业联合以实现这一目标。

（3）Ofwat 应该寻求确保未来在奖惩之间提供正确平衡的激励框架。

上面的第二点具有重要含义。水务公司抱怨与数据回报相关的行政负担，包括在定期审查期间以及记者所发挥的作用。为了遵守减轻监管负担的要求，Ofwat 已经不再使用记者了。对于这个决定有争议和反对。减轻负担的好处是明显的（虽然对消费者账单的影响可能是微不足道的），但是 Ofwat 不再了解真实成本的直接信息的影响是什么。有人认为，引入更多的竞争意味着市场将服务于价格。在这方面，有批评大型能源公司主导电力和天然气市场导致高价格的情况，而监管者对实际成本了解不足。作者不知道这是否正确，但它一定是一个值得关注的领域。

在起草《2014 年水资源法案》的时候，该法案几乎已在议会获得通过，预计将在不久获得通过，并在 2017 年实施竞争措施。威尔士政府已经决定不引入竞争措施，因此这些方面只与英格兰有关。2012 年，国务大臣在介绍该法案时表示：

（1）这项法案的草案将创建一个以客户为中心的现代水产业，所有企业和其他机构将首次能够为其供排水供应商提供服务。

（2）通过削减繁文缛节，我们还将刺激新的水资源市场，并鼓励更多的水循环利用。

（3）这将确保水产业继续提供价格合理和清洁的供排水，这对国家的经济增长至关重要，同时保护子孙后代的生存环境。

（4）在英格兰和苏格兰有多个办公地点的企业、慈善机构和公共机构的所有办公室和建筑物也将能够收到一份统一的供排水账单。

除了政治问题，该法案（2013—2014 年）的主要条款是什么？有些评论涉及提交人对条款的解释。

（1）将联合许可证与个人许可证分为零售和上游服务。（注：新供应商（"被许可方"）可以单独提供零售服务，也可以提供零售和上游服务。零售服务被定义为"面向客户的服务，例如计费、抄表和呼叫中心服务"。水仍将由现任公司提供，被许可方将向现任公司支付水费和使用其供排水网络向用户供排水的费用。上游服务被定义为"不直接涉及客户供排水价值链的要素"，可能包括诸如水的提取、存储、处理和输送等活动。上游污水服务将包括废水和污水的收集、处理和处置。其意图是，上游竞争将创造一个"已处理或未经处理的水进入供排水系统或处理废物的排水系统的销售市场"。在这个市场上交易的服务包括开发新的水源以及将水卖给现有的水务公司，或者开发一种更环保的污水处理方式，工业再利用或下水道污泥处置。声明称："上游竞争将更有利于水务公司间的水交易"。市场只会延伸到一些上游服务——原有的水务公司仍将拥有和管理输送水、废水和污水的管网，并将继续提供所有的分销服务）。

（2）由 Ofwat 根据成本和一般方法来确定接入（管网）的价格。

（3）允许将零售基础设施（电源、管道、存储和处理）连接到现有的主要网络。然而，由于物流和成本，主要网络是垄断性的。

（4）所有非家庭用户，无论其耗水量是多少，都要符合竞争供应商的要求。然而，这并不适用于国内用户。

（5）作为对新加入者潜在能力不足风险关注的一部分，要求质量监管机构就新加入公司的申请进行咨询。

（6）国务大臣和威尔士部长发布和修订了关于 Ofwat 收费规则的高级指导意见，包括向消费者收取费用以及在现任水务公司和被许可人之间收费。作者不清楚这是否会损害水费的目标设置。

（7）尽管预计该法案将包括对取水的改革，但这些仅限于取消水务公司对其取水许可证造成损失的法定赔偿权。这与人们对早期许可证造成的过度取水的担忧有关，当时人们对河道流量过低关注较少。EA 能够在不支付补偿的情况下更改现有的许可证。

那么这些重大变化有什么意义呢？对于本章的作者，尽管他相信竞争是促进创新和进步的力量，但仍有许多疑虑和问题：

（1）第一个问题是它是否会导致竞争大幅增加。苏格兰的经验是，由于此前引入了对非国内客户的竞争，只有 5％ 的商业机构选择了替代供应商。由于主要的成本是在零售垄断中，其他供应成本可能没有足够的利润空间，特别是由于比较竞争已经带来了显著的效率提高，使其对新供应商或客户都有价值。这可能会导致现有企业采取降低价格以留住客户，这对那些客户是好事，但这会不会降低整体服务的成本，并可能威胁到可持续性？

（2）另一个问题是关于收益与分类计价带来的额外成本。要考虑到对接成本，特别是与多个配水系统供应商相关的成本。正如前面在讨论饮用水质量问题时提到的提供"不宜饮用"的水是犯罪行为。如果一家水务公司负责从水源到水龙头的各个方面，那么由谁负责就很清楚了。如果是多个供应商，所有参与者都可能希望在发生重大事故时监测系统的水质，这样既增加了抽样和分析成本，也会有对接合同成本。Ofwat 在 2004 年的一份报告（调查英格兰和威尔士供排水行业的规模经济证据）表明，分类计价的对接成本将超过竞争的收益，但是额外成本抵消感知竞争优势的程度只会随着经验而变得明显。

（3）在议会的简报中指出，竞争已经被接入配水系统的过高收费所抑制。接入费用将由 Ofwat 设定。随着竞争日益加剧，可能会出现由于对地下水源和污水系统投资降低而收费太少的风险。重要的是，接入费用要充分考虑到资本投资的要求，使翻新方案既能减少渗漏，又能维持可持续性。与此相关的是缺乏这样的记者，他们既有知识来提出可持续发展的问题，又可质疑其工作人员是否有足够的水务知识来确保这一至关重要的基础设施的投资。

（4）在关于法案的议会辩论中，有人对现任水务公司不再是最后的供应商（如果新来者无法成为供应商的话）表达了担忧。至少有一家水务公司表示，它可能希望退出零售市场。这些变化对供应安全意味着什么？

3.11　与西班牙的关系？

在西班牙如果没有供排水行业的详细知识，就不可能确定与其他地方经验的相关性。讨论那些在许多不同情况下似乎取得成功的因素是可能的。

英格兰的私有化（前面已经提及威尔士水务状况的改变）发生在许多其他公共服务私有化的时期。苏格兰选择通过成立一家公共公司（即所谓的法人化公司）来保持类似的监管。英格兰在公共部门创造商业运作文化时能够做同样的选择吗?其他一些国家则着眼于"英国模式",并开始了私有化进程。例如,在澳大利亚的维多利亚州,小型公用事业被整合到一个可行规模的运营中;在墨尔本,经营被分成了一个批发和三个零售公司。这些都是上市公司,但后来打算私有化。改革是非常成功的,因此,它被认为进行有争议的私有化是不值得的。智利在一定程度上遵循了英国模式,现在有私有(如英国)、特许经营权(如在法国常见)和公有的混合模式,都在同一个监管体系内。智利的监管系统是通过1993年的关税法建立的。这开始了改革方案,其中一个主要目标是向完全成本回收过渡。在智利,为穷人提供粮食是重中之重。英格兰、威尔士、苏格兰、维多利亚和智利这些例子的共同主题是有效监管,而不是所有权。在英格兰和智利,成功的私有化所需的条件,尤其是供排水公用事业的可行规模、全部成本回收和强有力的监管都是提前完成的。

西班牙的情况与英格兰不同,西班牙的责任在于市政当局,而英格兰的供排水服务许可证由国家政府颁发。那些在英格兰(甚至整个英国)出现的成功的重要原则可能普遍适用:

(1)将水务整合至国家政府。在英格兰所有方面都属于一个政府部门——Defra(环境、食品和农村事务部)。这种整合扩展至Defra下所有监管部门的监管(见图3-2)。

(2)作者的观点是,自1974年以来供排水的纵向整合优化了供应链。显然,这种观点并没有被那些鼓吹分拆以允许更大直接竞争的人所认同。

(3)透明的监管流程和公开的文件。这让公众相信,发展计划和投资项目是基于需要的,而没有腐败。

(4)一个定期规划过程,各方都整合其中,即政府(政策术语的需求)、经济监管机构(规划协调和关税设置)、质量监管机构(将质量政策解释为所需的可交付成果和质量改进计划监控)、供排水公用事业(商业计划和交付)和消费者团体(消费者代表)。这种严格的计划体系确保了所制定的计划是可融资、负担得起和可交付的。

(5)良好的资产状况和开发成本信息。这对成功是至关重要的,因为需要大量的投资来翻新现有(经常被忽视)的基础设施。在规划中缺乏信息或信息不准确会导致项目和合同的失败。

(6)全部成本回收,包括运营、维护和翻新资本计划。这要求政治承诺增加由客观过程所决定的费用。这不是私有化的问题,因为自1974年以来,全部成本回收都来自收费。在依赖于补助和补贴金的低成本回收的情况下,向全部成本回收过渡需要一个特定的过渡时期或特殊的融资条款。在马来西亚,有一个名为"水资产公司"的政府组织,它能够从国际货币市场获得长期低息贷款。该组织资助基础设施的投资,这些投资在定期规划过程中得到了供排水监管机构的批准。水资产公司将新基础设施租赁给一家水务公司,通常租赁期在40年以上。由监管机构批准的租赁费用,在租赁期满时将资产和所有权转让给水务公司。

(7)基于监管驱动的比较绩效的效率改进。这就提出了一个问题,即在《2014年水资源法案》中所讨论的直接竞争是否能够取得重大的额外进展。

英格兰和威尔士的监管流程要求公用事业具有相应的管理技能。公用事业应该具有足够的规模来承担和吸引好的管理。尽管在"胡萝卜与棒子"之间有平衡,但英国的做法有点挑衅。Ofwat被认为没有任何能力建设的作用。经验表明,在大型私有和小型市政运营之间有一个混合，在需要时监管机构应该强硬，但它同样拥有供排水方面的知识和经验，为较小的运营商提供指导。葡萄牙的监管机构 ERSAR 就是其中一个很好的例子。

整个英国供排水的历史表明，随着时间的推移，无论运营是公有的还是私有的，都会逐步取得成功。所有权或运营的类型不是问题，重要的要求是要有良好的治理基础。

本章参考文献

［1］ Environmental permitting for discharges to surface water and groundwater. http：// www. environment-agency. gov. uk/business/topics/water/32038. aspx.

［2］ Independent Review of Competition and Innovation in Water Markets：Final report：Department for Environment，Food and Rural Affairs PB13690. Crown copyright 2009.

［3］ Investigation into evidence for economies of scale in the water and sewerage industry in England and Wales. Report commissioned by Ofwat from Stone & Webster Consultants January 2004. http：// www. ofwat. gov. uk/pricereview/pr04/rpt_com_econofscale. pdf.

［4］ Investing in Scotland's Water Industry：Improvements Delivered in 2006-10. Scottish Government. www. scotland. gov. uk/Resource/Doc/917/0112271. pdf.

［5］ Ofwat piles pressure on water companies. Financial Times, www. ft. com/cms/s/0/48e00508-8528-11e3-a793-00144feab7de. html(accessed 26 January 2014).

［6］ Ofwat stems flow of returns to water investors. Daily Telegraph，http：// www. telegraph. co. uk/finance/newsbysector/utilities/10600260/Ofwat-stems-flow-of-returns-to-water-investors. html（accessed 27 January 2014）.

［7］ Okun D.（1977）. Regionalisation of Water Management，A Revolution in England and Wales. Applied Science Publishers，UK.

［8］ Relative efficiency assessment 2008-9-supporting information. PR09/39 Ofwat Dec 2009. http：// ofwat. gov. uk/publications/pricereviewletters/ltr_pr0939_appendix2. pdf.

［9］ Review of Ofwat and consumer representation in the water sector. Department for Environment，Food and Rural Affairs PB13587. Crown copyright 2011.

［10］ Rouse M. J.（2013）. Institutional Governance and Regulation of Water Services：The Essential Elements，2nd edn. IWA Publishing，London.

［11］ Rouse M. J.（2014）. The worldwide urban water and wastewater infrastructure challenge. International Journal of Water Resources Development，doi：10. 1080/07900627. 2014. 882203.

［12］ Select Committee on Environmental Audit Minutes of Evidence Memorandum from the Office of Water Services（Ofwat）. http：// www. publications. parliament. uk/pa/cm200001/cmselect/cmenvaud/290/1022802. htm.

［13］ Service and Delivery：Performance of the Water Companies in England and Wales 2009-10 Report. Ofwat，UK. www. ofwat. gov. uk/regulating/reporting/rpt_los_2009-10supinfo. pdf.

［14］ Setting price controls for 2015-2020-risk and reward guidance，January 2014. www. ofwat. gov. uk.

［15］ Taken for granted. Report of the Working Party on Sewage Disposal. HMSO 1974 ISBN：0117502200.

［16］ The Development of the Water Industry in Englandand Wales. Defra and Ofwat 2006 Crown Copyright.

［17］ The Independent Review of Charging for Household Water and Sewerage Services. Published by the Department for Environment，Food and Rural Affairs. PB13336 ©Crown Copyright 2009.

［18］ Water Bill 2013-14. UK Parliament. www. parliament. uk/briefing-papers/lln-2014-002/water-bill.

［19］ Water Industry Act 1991 The Stationery Office ISBN：0-10-545691-8.

［20］ Water Management. House of Lords Science and Technology Committee Report. The Stationery Office. June 2006. ISBN：100104008717.

［21］ Water prices in England and Wales from April 2007. Water UK Press Release 26 February 2007. www. water. org. uk.

第4章 澳大利亚的供排水监管

4.1 引言

本章论述了澳大利亚供排水监管的过去和现状，目的是为了了解 20 世纪 80 年代初澳大利亚进行水务改革的原因和改革的特点。从广义上讲，这一改革的目标是：提高供排水服务的效率，降低对债务作为资本融资手段的依赖，提高供排水服务的可持续性，确保水价反映所提供服务的价值。本章对这些目标都做出了解释。

改革过程中创造了新的责任机构，需要以新的方式对其进行监管。因此，需要对监管框架进行修订以确保参与城市供排水管理的所有机构责任明确、分配合理，并且使新建立的供排水公司的市场力量得到有效管理。监管的其他方面确保了消费者的权益受到保护以及供排水公司所依赖的环境不受影响。本章描述了新的监管框架，首先解释了澳大利亚政府认同的监管原则以及政府实施这些原则所采用的各种特定方式。

对水价监管的讨论是本章的重点。原因有二：首先，大多数供排水公司在其经营范围内是垄断性的，澳大利亚政府认为如果缺乏竞争，供排水公司收取的水价就应该受到监管，以使市场力量不被滥用。因此，本章对水价监管的原则和水价监管框架进行了讨论。其次，澳大利亚水务改革的目标之一是促进竞争。如果没有政府干预，更具竞争力的环境将趋向于对水价构成下行压力，那么水价监管环境将持续演变。此外，本章还探讨了目前澳大利亚正在热议的一些应对更激烈竞争的方法。

澳大利亚有六个州和两个领地，每个州都实行自治，并有一个联邦（国家）政府。虽然每个管辖区都认同水务改革的各项原则，但各政府对这些原则的回应方式却各有不同。从中可以观察出哪些方法是最成功的，哪些方法在实践中被放弃或修订了。本章对一些有用的方法和一些效果较差的方法做出了观察和评价，希望对西班牙政府进行监管改革有所帮助。

4.2 水资源的特征

任何访问过澳大利亚的人，不管他是否是因为水务的原因而去的澳大利亚，迟早都会发现澳大利亚是所有有人居住的大陆中最干燥的国家。事实的确如此，但统计数字毫无意义。事实上，虽然占全国很大面积的沙漠地区年降雨量少于 150mm，但澳大利亚部分地区雨水充足，年降雨量可达到或超过 4000mm。可得出的有价值的信息是：60% 的地表径流位于澳大利亚的热带地区，只有 6% 位于用水量占全国用水总量 50% 的墨累河-达令河（Murray-Darling）盆地（大陆东南部）。

除了了解降雨和径流的物理模式外，还必须同时考虑降雨随时间的变化。在热带地区

（北方）大多数降雨集中在三个月或者更短的时间内。其他大部分地区的降雨量都有很大差异，长期干旱的情况并不罕见。图4-1显示了西澳大利亚珀斯市97年的降雨量变化，大多数主要城市地区都存在与珀斯市类似的情况。面对这种降雨量变化，长期供排水安全一直是澳大利亚城市供排水所面临的最大挑战。

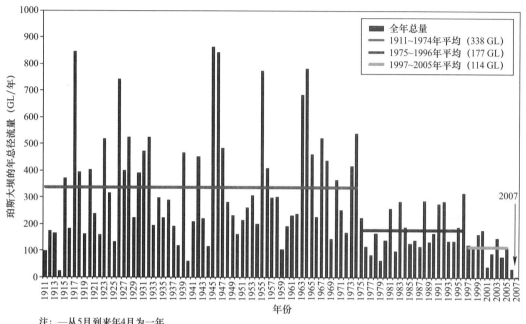

图4-1 西澳大利亚珀斯市的地表水资源径流水量趋势
资料来源：水务公司。

截至2013年6月30日澳大利亚人口为2310万人。国家高度城市化，89%的人口都居住在城市地区，66%的人口居住在其中的七个州或领地的首府以及首都堪培拉。高度集中的人口分布给这些地区的水资源造成了巨大的压力，尤其是在干旱季节。

相应地，各城市投入了大量的资金来确保供排水的可持续性。例如，2002年悉尼储水量为人均932m³，对比纽约和伦敦分别只有250m³和182m³，足以见得悉尼经历了长期严重的干旱。然而随着人口的增长，进一步开发可利用水资源的机会很有限。可以利用的水资源距离越来越远，尽管过去十年在供排水设施创新方面投入了大量的资金，但储存水和运输水的基础设施仍然非常昂贵（海水淡化和水循环利用也很昂贵）。

当然，城市供水并不是孤立存在的。澳大利亚是农业和矿产的主要生产国和出口国，事实上，澳大利亚总用水中农村用水占主要部分，并且过去十年农村用水一直是监管改革的重点。城市用户与农村用户共享资源、争夺资源的情况已经出现，并成为政治争论的主题。这影响了城市地区供排水商管理和扩大供排水以满足日益增长的人口需求的方式。

在澳大利亚，城市地区几乎普遍提供了水网服务，污水服务的覆盖率约为97%。监管改革（包括水价）以及非常严重的干旱导致消费者转为采取更为保守的消费方式，这种趋势延续了早期的模式，从而使得2003—2007年的家庭平均耗水量减少了21.4%。2004—2005年澳大利亚总用水量为$1.88×10^{13}m³$，占水资源的6.4%，其中城市用水（家庭、供排水和制造业）占总用水量的 25.5%，用水最多的是农业部门（占总用水量的 65%）。

为应对干旱、水资源的争夺和日益增长的城市人口，主要城市的供排水商纷纷试图采用多样化的供排水方式。取决于资源的可用性，城市供排水一般依赖于地表水或地下水，然而在过去的 20 年里，大量资金被用于再生水和海水淡化。例如，澳大利亚首府城市的海水淡化水厂的生产能力从 2006 年的 $4.5 \times 10^7 \, m^3/$ 年增加到了 2013 年超过 $4.5 \times 10^8 \, m^3/$ 年，年增长率达 9.4%。与其他水资源一样，不同城市之间的生产能力有相当大的差异，如今珀斯市必要时利用海水淡化可以满足 50% 的供排水需求。

同样地，在过去的 10～15 年里，再生水（循环水）的生产能力得到了显著的提高。然而这类水源的使用随气候条件的变化有显著的不同（例如，当降雨时将不需要灌溉），最近的数据表明，城市供排水商提供的循环水可能高达供排水总量的 19.4%。目前澳大利亚的循环水只用于非饮用目的，虽然间接饮用的情况时有发生。

4.3　改革的催化剂

从殖民时期（1788 年欧洲殖民开始）至 20 世纪 80 年代，水务管理政策的目标都是将现有水资源用于农业、城市发展和工业生产，几乎没有考虑到全球可利用水资源的有限性，因此一旦当地的水资源被完全开采利用后，往往倾向于开发更偏远地区的水资源。由于水资源每年的产量（补充率）有限，因此不能这样无限制地开发水资源。从 20 世纪 70 年代末到 20 世纪 80 年代初期间，大多数主要城市中心的经济可开发的水资源逐渐告罄。此外，以往用于基础设施更新改造的投资一直很低，因为资金被直接用于了确保供排水安全，而不是更新现有的基础设施，这导致了供排水边际成本的增加和消费者之间用水的竞争。

对水资源的开发也导致了水源和水源附近的河岸生态系统以及污水排放地下游环境的恶化。水体富营养化、水流间歇性的增长、工业废水的污染和生态系统的完整性都是需要重点关注的问题。因此，水务行业的重心从资源开发转移到了水务管理。也就是说，供排水和相关的基础设施必须得到管理，以实现包括有效利用资本、公平分享资源和维护生态可持续性发展在内的多重目标。

当然水务行业只是经济的一部分，它受到很多因素的影响。虽然第二次世界大战结束后的前三年澳大利亚国家经济形势良好，但在 20 世纪 70 年代初，高失业率和通货膨胀的出现使得国家经济环境恶化。这时政府的政策主要关注于宏观经济，缺乏微观经济改革（特别是提高澳大利亚工业效率的改革）。相应地，在 20 世纪 80 年代初，澳大利亚联邦政府开始了一项主要的微观经济改革项目，项目包括废除外汇管制、澳元浮动和降低关税。这将澳大利亚的工业暴露于激烈的国际竞争中，这次曝光的结果之一是焦点被转移到了监管成本和投入成本上，如供排水服务，由国营企业经营涵盖全国主要城市的水务公司。因此，微观经济改革扩大到了将国营企业暴露于市场需求之中，1993 年国家竞争政策审查委员会（NCPRC）的报告中提到了改革拥有"基本设施"的垄断性的国营企业，以确保其没有滥用市场权力（例如，定价高于产品长期运行边际成本，或通过监管反对竞争，或在价格基础上区别对待用户）。国营企业的改革就是所谓的国家竞争政策的组成部分，它强调开放的市场以及在国营企业和私营企业的竞争中保持中立，其中包括将施工和（或）设施经营及服务进行"外包"以达到将业务转移给私营企业。

4.4 1994年澳大利亚政府理事会的水务改革框架

国家竞争政策审查委员会（NCPRC）的报告俗称为"Hilmer报告"，以委员会主席Fred Hilmer教授命名。1994年，为对"Hilmer报告"做出回应，澳大利亚政府理事会（COAG）（包括澳大利亚联邦政府、所有州和地方政府以及一位当地政府代表）签署了《COAG水务改革框架》（简称《框架》），《框架》中与城市水务改革相关的原则有：

（1）将以商业为重心的水务公司要么建为国营企业（即将其"公司化"），要么完全或部分私有化；

（2）实行全部成本覆盖原则，使得向消费者收取的费用体现出所提供服务的成本，包括资产的重置成本（利润）的真实回报率；

（3）采用能反映出用水量的水价制度（即用水阶梯定价）；

（4）去除不同类别用户（如工业用户和住宅用户）之间的交叉补贴；

（5）当出于社会福利的目的需要补贴时（如帮助低收入用户），补贴必须是透明的，而且是政府对于水务公司的补偿；

（6）水资源管理、标准制定、监管执法和服务提供之间角色的制度分割；

（7）水务公司之间实行标杆比较，鼓励"比较竞争"，促进水务公司向世界最佳实践靠拢。

《框架》创建了一个所有政府都可以遵循的模式，每个州、地方政府负责决定如何最好地实现每一个原则。在实践中，一些政府取得的成就比其他政府更具实质性。没有政府选择将水务公司私有化，但所有政府都通过各种手段试图引入竞争机制，采取的主要方式是将水务公司建成为与所有私营企业具有相同制度的国有企业。《框架》包括许多旨在改善农村供排水（主要是灌溉）绩效的措施以及阐明非城市用水所有权和职权的安排。该《框架》在城市水务管理中有着重要的意义。

《框架》的实施取得了巨大成果，实现了政府在此期间进行改革的承诺。联邦政府还出台了新的激励政策，即对实现了里程碑式改革的州和地区提供大量的财政奖励。例如，《框架》敦促政府在1998年之前制定反映成本的水价制定制度，该里程碑式的目标一实现，联邦政府便下发了承诺的奖金。

该《框架》颁布至今的20年来，整个水务行业的效率得到了显著的提高；用于水务基础设施的投资得以增加，从而使基础设施条件得到了改善；此外，创新和竞争还被引入到了水务行业中。《框架》中制定的原则直至今天仍是澳大利亚城市水务政策基础。

4.5 《国家水资源倡议书》

鉴于《框架》为澳大利亚的水务行业改革奠定了基础，《国家水资源倡议书（NWI）》则扩大了《框架》的范围，使其充分涵盖了农村用水，并确保全国各地（城市和农村）水资源管理的一致性。NWI主要关注于农村的水资源管理，这超出了本章的讨论范围。然而如前所述，城市地区供排水与其他地区供排水并不孤立，并且在大多数情况下，城市供排水与农村供排水有着各种联系。因此，下面列出的NWI中的一些要素可能更注重于乡镇，但实际上与城市供排水同样息息相关。此外，由于 NWI 中涉及农村用水的问题具有广泛性和根本性，因此还对澳大利亚农村水务改革的本质做了简短的评价。

2004 年大多数澳大利亚政府签署了 NWI（西澳大利亚政府于 2005 年签署），然而供排水可以跨越政治界限。虽然城市供排水可以在州或者地区的基础上进行管理，但农村和河流系统的管理则需要各管辖区之间的合作。《国家水资源倡议书》是全国性的合作蓝图，各级政府一致同意 NWI 的目标是创建一个"基于国家协调，以市场、监管与规划为基础的城乡地表水和地下水资源管理系统，从而达到优化经济、社会和环境的效果"。为监督《国家水资源倡议书》的实施而成立的国家水资源委员会（NWC）表示，NWI 制定了澳大利亚关于水的管理、措施、计划、价格和交易的协议（参见 www.nwc.gov.au/nwi）。

NWI 中涉及城市水务管理的要点总结如下（澳大利亚政府理事会，2004 年）：

（1）为每个流域制定水资源计划，考虑具体社会和环境因素下的取水量；

（2）明确水资源权利，以使所有权明晰，并恰当分配风险；

（3）在权利持有人之间（包括城乡之间）建立水交易市场；

（4）开发水务账户系统以确保所有管辖区都建立适当的计量、监测和报告系统，使公众和投资者对正在交易、提取用于消耗以及回收和管理的水量有信心；

（5）努力改善水价制定机制，以确保其包含城乡供排水系统的成本回收，包括规划和实施的成本以及城市用户使用再生水和雨水的定价，这确保了水务公司不管采用的是何种水源的供排水价格；

（6）制定水价时将外部环境内部化，或视系统的可行性进行监管；

（7）促进节水型城市的建设和城市需求管理措施的实施，从而促进水资源的有效利用并同时考虑到所有可用水源（如饮用水源、再生水、雨水、海水淡化、污水）。

值得注意的是，相对于《框架》，NWI 涵盖了更多的细节，但这也反映了此前人们对于农村供排水管理的经验和日益增强的意识没有像城市供排水管理那样迅速发展。虽然 NWI 较少关注城市供排水，但实际上 NWI 涉及的供排水规划、水资源产权制度以及水务市场都影响着城市水资源管理，例如，这使得城市与农村地区进行水产权贸易成为可能。

与《框架》不同，NWI 中没有提到完成重要阶段目标时给予的奖励，但是成立了一个国家水资源委员会来监督 NWI 的实施情况。该委员会虽不是监管机构，但每两年（现在是每三年）需要报告一次 NWI 的实施进展，发挥道德监督的作用来鼓励 NWI 目标的实现。

4.5.1　供排水监管环境

《COAG 水务改革框架》以及在其基础上建立的《国家水资源倡议书》指导了澳大利亚城市（和农村）水资源管理制度的制定，前文已经对这两个文件中与城市供排水相关的原则和要素进行了深入的阐述，接下来将探讨监管的目标以及政府为实现这些目标所采取的措施——成就、陷阱以及可以改进的地方。在开始这项任务之前需要明确指出的是，不同时考虑水价已被水务公司用来作为使供排水量和投资合理化的工具，而只对监管进行讨论是不可能的。因此，接下来也对水价改革做了大量相关的分析。

4.5.2　制度安排

历史上，城市水务公司都是由州、地区或当地政府作为政府部门创建和经营的。也就是说，水务公司受州或地区的部长或地方政府的领导。资本在水务公司和政府之间自由调动，投资决策受制于政治危机的情况并不罕见。由于城市发展依赖于供排水服务，根据自身需要而不是经过理性的成本-效益分析，水务公司往往就能成为决定城市发展的强大力量。因此，虽然城市几乎实现了供排水的全面覆盖，但水务公司投资一般较少（这导致了成本大于效益）、负债率较高、基础设施更新方面的投资少，一般来说效率明显偏低。

此外，负责供排水、卫生安全标准和污染控制的各机构之间存在明显的职能混淆和重叠的情况。例如，在20世纪80年代末之前的国家污染控制委员会和悉尼水务董事会的首席执行官为同一人，这是明显的利益冲突。此外，私营企业会受到监管制度的约束。然而，一些政府部门不受制于这些监管，这大大降低了政府所属企业所需的成本，相对于私营企业来说更有竞争优势，否则就要在水务市场中进行竞争。最后，政府掌管的水务局是政府实施政策的工具，这偏离了建立水务公司的目的。比如，水务公司对商业用户收取的水价大大高于对住宅用户收取的水价，理想主义者可能会认为这可以尽可能降低弱势群体的用水成本，但持反对意见的人则认为水务公司并不愿意这么做。

当时改革的主要目的是将水务公司建立为独立的企业，对各自的绩效负责，就如私营企业单独对董事会负责一样。尽管不同管辖区所采取的方法细节不同，但大多都包括以下基本要素：

（1）以公司而非政府部门的形式建立公用事业。这条和其他立法改革一起确保了水务公司服从于所有法律，与其他任何一家私营企业相比不受更多的保护、没有更多的豁免权或义务。重要的是，这意味着水务公司将缴纳利润税，并需确保其有偿付能力，需要通过自身集资或向消费者征收水费筹集运行资金。政府若想达到特定目标或降低弱势群体用水成本则需要向水务公司支付相应的财政补贴。

（2）创建"股东"，期望获取投资回报。在实际中政府是股东，由相关部长担任代表。例如，新南威尔士州水务公司的三名股东分别为财务部长、财政部长和水务部长。在其他司法管辖区，最初拥有供排水系统的实体（如地方政府）即为控股实体。正如所有私营企业的股东所期望的一样，水务公司的股东也希望公司可以盈利并每年发放占利润一定比例的分红，股东的利润分配由水务公司董事会决定（也就是，不需要再投资或偿还债务）。理论上是由董事会做出这一决定，但实际上往往是由股东和董事会之间协商决定，有时会产生非商业性的决定（下文将进一步讨论）。

（3）依法纳税。政府拥有的组织一般不需要缴纳联邦所得税，如果水务公司不需要缴纳这部分税将会使他们比私营企业更具有竞争优势。如今的水务公司需要向联邦政府、州（或地区）政府缴纳所得税。水务公司向政府支付的款项包括股息和"等值税收制度"中规定的纳税额。对于大型公司，例如向约500万人提供供排水服务的悉尼水务公司，每年需要缴纳的股息和税额高达十亿澳元（约53亿元人民币）。

（4）确立目标。通常在经营许可证或类似的文书中设立目标，目的在于确定该机构的作用。例如，在竞争激励的市场中，企业可能会做出监管要求以外的努力来成为"优秀的公司"，从而增加其市场份额。缺乏市场竞争力的企业不可能获取更多的市场份额，因此也不会有动力来提升自身的绩效水平。因此，经营许可证中制定了政府要求企业达到的目标，这些目标通常定期更新，并且可以公开审计。理论上，当水务公司没有达到目标时，其经营许可证可转让给私营企业，私营企业将接管供排水系统的运行。在某些情况下，经营许可证并不健全，比如一些政府试图提出过多的附加要求，从而减弱了提供优质供排水服务的核心目标。这个问题也将在下文中进行讨论。

（5）监管和运行角色的结构分离。在过去，供排水框架、环境和卫生监管职能往往相互交织，例如，污染控制和保障供排水之间并不总是有明确的分割，而且水务公司常在确定卫生标准方面发挥作用。此外，往往由水务公司自身或与政府协商制定水价，可能导致的结果是，为了满足政府的政治目的或社会保障目的而定价过低，或由于其垄断的特性而定价过高。通常水务公司负责人由政府人员担任，模糊了水务公司相对于政府的作用。体制改革确保了企业实体和政府实体的分离。因此，在新南威尔士州，悉尼水务负责大悉尼地区的供排水、污水和部分排水服务；环保局负责水污染控制；国家卫生和医疗研究理事会与国家卫生局负责制定与水有关的卫生标准；独立定价和监管法庭负责水价的制定[①]。

（6）供排水与水资源管理职能分离。虽然《框架》和《NWI》都没有具体的要求，但若干管辖区已将自然资源管理职能与供排水管理职能进行了区分。例如在维多利亚州，墨尔本水务是为三家政府所属的供排水公司供排水的大型供应商，这三家供排水公司为墨尔本的不同地区供排水。其他大多数州和地区也建立了类似的供排水模式，这种补充性改革的理念是为了解决自然资源保护和供排水目标之间可能会发生的冲突（比如保护河流与开发资源以增加产值之间的冲突），因此应该将供排水与水资源分开进行管理。

不足为奇的是，虽然改革的目的是要达到《水务改革框架》和《水资源倡议书》的要求，但不同管辖区的管理细节各不相同。每个管辖区为达到这些要求最初采取的措施各不相同，但随着时间的推移，其核心概念大多一致，都包括在前文描述的新南威尔士机构的版本之中了。表 4-1 显示了每个州和地区当前的制度环境。

澳大利亚城市水务管理目前的制度安排		表 4-1

地区	制度安排
北方领土	√　覆盖全境的单一综合供应商
昆士兰	√　实质性的纵向和横向分解 √　市政、州和公私伙伴关系的混合昆士兰州的平衡 √　市政（地方政府）公用事业
新南威尔士 悉尼/纽卡斯尔	√　服务于整个城市的国有企业区域性 √　100 家非都市城市公用事业
塔斯马尼亚	√　单一的全州自来水公司 √　所有城市集体所有的公司
堪培拉	√　垂直整合的供应链 √　Actew 水务（政府所有）
维多利亚 墨尔本地铁	√　批发/零售拆分 √　3 个零售商比较竞争区域性 √　13 个主要集成的公用事业
南澳大利亚	√　供应商覆盖南澳大利亚州——拥有资产战略规划、管理客户 √　系统运行和维护：所有水务联盟（Suez/Degre mont 和 Transfield 之间的合资公司）10 年＋6 年期限于 2011 年 7 月开始
澳大利亚西部	√　完全集成的公用事业覆盖整个州（少数例外）

① 注意这是一个简化了的情况。根据具体情况还有其他机构负责其他方面的监管（例如，建设工程通常需要得到地方政府的批准）。

4.5.3 水的定价

澳大利亚水价改革对于水务公司经济化运行和城市地区合理化用水的意义之大，再怎么评价都不过分。当然，当商品或服务定价过高或过低时，会导致节约消费或过度消费，这是一条经济学基本原理，这两种情况都是低效率的表现。在实行水价改革之前，在澳大利亚这两种情况都存在。例如，水价过低导致用户用水量持续增加；反过来，造成了企业基础设施更新改造方面的投资不足或高负债率（或政府注资，视情况而定）。相反，对商业（或工业）征收不合理的高昂水费，水价没有反映出实际用水量，会使得企业不再进行更多的生产性投资，降低其竞争力。此外，向住宅用户收取的水费通常是基于其房价而定，因此这种水价并没有反映出消耗水量的多少。因此，消费者缴纳的水费不能合理解释其用水量，不能反映出成本水价，从而导致用水量的不可持续发展，用于基础设施更新和维护的投资不足，加大了公司负债率以及增大了行业负担，从而降低了竞争力。

1994 年发布的《水务改革框架》的目的是将部分水务公司以公司的形式运作，收取的水费必须覆盖其长期边际生产成本。作为对《水务改革框架》的补充，澳大利亚政府理事会（COAG）制定了《水定价准则》以指导如何计算应收取的水价，不论是独立的经济管理机构还是政府都不存在这样的监管机构。该准则指出，一个可生存的水务公司应该回收其"运行和维护管理成本、（环境和自然资源）外部性成本、赋税或等值税收、债务的利息、股息（如果有的话）以及对未来资产进行整修或更换的准备金"，而且"设定的股息需反映出商业现状并刺激市场竞争"[①]。其他准则包括对于水务公司可以收取的水价的指示，以避免垄断情况的发生，以及经济监管机构应该如何纳入有效的资源定价和业务成本的指示（澳大利亚政府理事会，2010 年，第 18 页）。国家水资源委员会将水价改革的目的总结为：

"对供排水服务实行有效的定价或收费是投资的基础，并成为有效利用的供排水服务的信号。确保水价信号充分反映提供服务的有效成本，从而使水价信号正确，这是鼓励创新和节约用水的关键因素"（国家水资源委员会，2011 年，第 11 页）。

不是没有人反对水价改革，尤其是在改革的初期，有人认为水是一种公有财产，而制定水价的方法却将其视为私有财产，随着时间的推移，大部分批评声音已经消弱了。不是所有的水务公司都能迅速转换为采用完全反映成本的水价制定方法，的确，直至今日这个转化过程仍在进行中。虽然主要首府城市的水务公司向"体现成本的水价"转换得更快，但其他城市（主要为非首府的城市）的水务公司水价改革要慢些。此外，随着时间的推移，水价制定的细则也做了改进。例如，现在已经颁布的定价准则指导水务公司（或其监管机构）将供排水服务计划和管理措施的成本纳入水价中，并指导水务公司制定使用雨水和循环水的水价。此外，由于各水务公司能够提供的股息或支付的税务不同，尤其是城市和农村的水务公司更不相同，计算资产估值和资本成本的依据也随着时间的推移在改变。目前，所有的水务公司都期望达到"水价上限"，这是成本回收的极限，超过这个限额，即为价格垄断（相对于"水价下限"，即确保水务公司得以生存的最低的成本回收水平）。

---

① 在这些原则中，剥离价值法用于计算资产的价值（即如果所有者被剥夺了资产所遭受的损失价值）。此外，运用年金法来确定为保障提供服务而进行资产更换或翻新所需的中长期资金。

总而言之，水价改革的目的是：

（1）确保水价制定的方式使得消费者用水和水务公司提供排水服务经济有效；

（2）保证水务公司的财务生存能力以及对垄断进行有效监管；

（3）以透明的方式维持公平：向社会经济地位低下的群体支付补贴，以避免破坏有效的水价制度。

如前所述，城市水务市场缺乏直接竞争，这增加了垄断定价发生的可能，经营许可证中包含的标准化和效率目标在一定程度上填补了缺乏市场纪律的空白。另一个更为重要的因素是经济监管机构的存在，其基本作用是确保供排水及相关服务（污水、雨水、循环水等）可以收取的最高价格。经济监管机构由政府设立，但在理论上独立于政府（做决策时不服从于政府领导）。

尽管已经进行了数十年的水务改革，但不是所有的州和地区都建立了这样的监管实体。其中三个先进的监管机构为维多利亚基本服务委员会、新南威尔士独立定价和监管法庭以及西澳大利亚监管机构。虽然不同管辖权的机构监管方法和范围不同（比如它们可以审查水务公司的绩效或为其他服务如排水定价），但都符合 1994 年发布的《水务改革框架》和《国家水资源倡议书》中设立的水基本定价原则。

4.5.4　标杆管理

1994 年发布的《水务改革框架》指出，水务公司间应该相互比较、模拟竞争以培养供排水服务方面的世界最佳实践。《国家水资源倡议书》将这一想法做了扩展，并将其作为倡议书的正式组成部分。因此，所有主要城市的水务公司都按照一系列标准定期参与标准化项目，其中评估项目包括水资源管理、定价、财务、客户服务、环境与卫生以及供排水。有时也会有一些临时指标或仅定期进行评估的指标，如供应的循环水水量。这些评估报告最初是由澳大利亚水服务协会（WSAA）出版的，包括了全国主要的水务公司，然而现在则是由国家水资源委员会共同担负该项责任。2012—2013 年的国家绩效报告是该系列的第八版。报告大约每两年编辑一次，目前有 81 家参与评估的企业，包括所有主要首府城市的水务公司和非首府城市的水务公司，以及一些小城镇的水务公司，这些水务公司共为澳大利亚 1870 万人（占总人口的 81%）供排水。

国家绩效报告（辅之以涵盖农村水服务企业的类似报告，如灌溉方案）允许在同一基础上对不同系统之间进行比较。虽然城市供排水服务市场的竞争依然很小，但这些标准化项目能够形成一种"比较竞争"。虽然地理和其他条件使得很难有效地在所有情况下进行企业之间的比较，但水务公司可以清楚地了解到能够与之比较的组织的相对绩效水平。这样的比较有助于提高企业绩效，例如澳大利亚的水务公司现在可以宣称它们 100% 遵从了澳大利亚饮用水指令，而且八个水务公司可以在报告中称它们现在回收了 90% 应负责的污水。国家绩效报告在解释行业趋势方面也很有价值，例如在过去的几年内，大多数水务公司的用户平均成本大幅度上涨，因此用户能够看到行业外部的力量（在干旱的情况下利用非传统来源保障供排水的伴随成本）对所有水务公司都有影响。个别州或地区的经济监管机构也可能汇编报告来比较各水务公司的绩效水平，比如维多利亚基本服务委员会。

除了《国家水资源倡议书》要求的标杆管理项目，水行业通过澳大利亚水服务协会还参与了其他标杆管理项目。例如，在 2012 年底 WASS 完成了国际资产管理绩效升级项目,为实现世界最佳实践考核了各国水务公司资产管理的绩效水平。来自澳大利亚、加拿大、新西兰、菲律宾和美国的 37 家水务公司参与了这项倡议。该项目由国际水协会联合赞助。2012 年的报告是 2008 年编制的倡议书的翻版。在此期间,资产管理绩效水平有提升的趋势。

虽然《国家水资源倡议书》不是具体的标杆活动,但国家水资源委员会有法律责任每两年(现在每三年)编制一次绩效报告。这些报告不对水务公司之间进行相互比较,但是对国家完成水资源倡议的情况进行分析。报告提供了广阔的前景,还对州或地区完成水资源倡议的进展进行了分析,国家水资源委员会的独立性使其能够直接提出批评意见。委员会再一次运用道德劝告的方式来激励政府为立法改革提供资源,以履行之前根据《国家水资源倡议书》所做出的承诺。这些报告和倡议的进展受到了媒体的高度关注,而在一个不会广泛地讨论水资源管理的国家,可能无法预料到会有这些报道。最后一次两年评估于 2011 年完成,随后将进行首个三年评估,评估结果将提交给澳大利亚政府理事会主席(总理)而不是任何特定的政府或部长。

各种标杆管理项目是促进水务公司遵守《水务改革框架》、完成《国家水资源倡议书》的目标以及提高自身绩效水平的关键。值得注意的是,为了提高绩效,水务公司还启动了超出《国家水资源倡议书》要求的标杆管理项目。这些额外的标杆管理项目集中在有可能显著影响水务公司最终利益的项目上,这证明了水务公司同私营企业一样具有降低成本、提高效率的意愿。

4.5.5 环境和卫生监管

综上所述,体制改革促使了运营责任与监管责任的分离。水务公司的责任是提供排水和污水服务,在某些情况下提供排水服务,其他机构负责环境监管或制定饮用水水质标准,这种方式消除了之前存在的利益冲突。

一般来说,对环境进行监管是州或地区政府机构的职责,这些组织通常制定污水排放标准或与污水系统运行相关的事宜(例如多雨天气期间排污的频率或排污量)。环境监管机构越来越多地试图利用经济手段来提升企业绩效。例如,当多个污水处理厂都向河流排水时,企业可以拥有排污许可证并自由决定如何进行投资才能满足全球排放标准,也就是说,只要能满足全球水质标准,企业可以只对一个污水处理厂进行升级,而使其他污水处理厂保持较低的排放量,这为企业确定最佳投资策略、提高效率提供了可能。

环境机构也可以参与制定工业废水排放标准,尽管这种情况因环境而异。在某些情况下,水务公司担当制定标准的责任,这反映了他们必须达到自己的下游排放标准,控制工业废水的排放是达到这些标准的手段。通常使用经济手段来激励企业遵守排污标准,因此随着排污量和排污强度的增加,排污费呈指数型增长,从而鼓励企业减少排放工业废水。一些物质被环境机构彻底禁止排放或者污水处理厂可能拒绝接受处理这些物质。

4.5.5.1 水务交易

为了充分了解澳大利亚水务行业,必须先了解其水务市场的发展。虽然水资源市场主要影响的是农村水资源分配,但是城市水资源管理者也有参与,尤其是当市场具有城乡之间交易的潜力时。必须指出的是,澳大利亚的土地和水的所有权是分开的,也就是说,土地所有者对于水只有"存储和家用"的使用权[①]，额外用水（如灌溉）则需要在公开市场上购买水权益，水权益可以进行自由交易，价格根据需求而波动。联邦政府是市场的参与者，为了环境购买水权益，从而将过度开发的水域恢复到更可持续的状态。每个水域都应遵循水资源规划（下文中进行描述），水资源规划描述了对所有水域开发的限制和对开发权进行监管。虽然从理论上讲市场是自由开放的，但政府往往对跨水域之间的贸易和城乡之间的贸易施加限制。

4.5.5.2　水资源规划

在更基本的层面上，指导水资源可持续管理的主要工具是根据《国家水资源倡议书》的要求制定的《水资源规划》。《水资源规划》确定了允许从地表或地下水源提取水量的多少，并列出了竞争企业之间共享可利用水资源的安排，具有法律效力。《水资源规划》中可以提取的水量因条件不同而不同，例如，在干旱期间可利用的水资源量可能会减少，在这种情况下，高安全权益持有者所拥有的权益类别将决定他们可以抽取的水量多少。除非处于极端干旱气候，一般情况下持有较高安全权益的水务公司能够抽取到分配给他们的水量，而持有低安全权益的水务公司抽取的水量将会受到限制。通常环境自身被视为高安全权益持有者。当然水权益可以在市场上公开进行交易。

澳大利亚政府环境部将以法律为基础的《水资源规划》的意图描述为：

"……为水资源管理设定可持续环境、社会和经济目标的工具。有效的水资源规划制定了符合环境目标的规则，通过确定在限定时间内可抽取的水量，使得水权益持有者能够共享水资源。"

《水资源规划》涵盖了农村地区和城市地区。城市地区的水体经常被大量利用，而且满足城市用水需求可能是任何一个流域的主要用途。然而环境确实需要水，《水资源规划》正以日益复杂的方式满足用水需求（例如，制定环境释放的变异性，以适应河流中自然发生的变化）。此外，需要将所有流域的水资源分配给城市用水和非城市用水，因此必须规定和保障水权益，包括环境本身所拥有的水权益。城市和农村对于水资源的竞争程度各不相同。城市中心存在大量乡村环境的地区对水资源的竞争可能会很大。在国家水资源委员会的网站上可查阅到《水资源规划》的运作和详细有见解的全国各地水资源规划的动态（国家水资源委员会，2012年）。

4.5.5.3　水资源核算

每年制定的《国家水资源账户》是《国家水资源倡议书》的一个组成部分。引用澳大利亚气象局对《国家水资源账户》的描述：

"……深入地洞察了澳大利亚国家和地区的水资源管理情况，是《国家水资源倡议书》的支撑，披露了整个水资源的情况、可抽取的水量、取水权以及全澳大利亚用于经济、社会、文化和环境效益的实际取水量"（气象局，2013年）。

《国家水资源账户》提供了符合特定水资源核算标准的标准化信息，每年编制一次，信息公开化。《国家水资源账户》包括以下信息：

（1）报告期内流入、流出和存储水量的变化情况；

[①]　该术语指家庭、菜园、宠物和放牧牛羊（或类似的牲畜）的用水，不包括集约化农业（如养猪场）或其他商业用水。

（2）报告期内拥有的取水权；

（3）管理取水期的水管理计划；

（4）报告期内分配的用水量；

（5）报告期内交易的水权益数量；

（6）抽取的水量；

（7）用于环境的水量。

《国家水资源账户》对于农村用户来说尤其重要，特别是对于灌溉水权和投资水权。它也与城市的水务公司有关，因为它规定了公司有权抽取的水资源量、报告期内可用性的变化和水域的其他用途。

4.5.6 卫生监管

澳大利亚水务公司努力实现由国家卫生与医学研究理事会（National Health and Medical Research Council）、澳大利亚政府机构和自然资源管理部长理事会（Natural Resource Management Ministerial Council）制定的《澳大利亚饮用水质量指南》（ADWG）的要求。ADWG 制定的目的是为澳大利亚的社区和供排水商提供权威参考，其中定义了什么是安全和优质的水，如何符合以及如何确保水质达标。对最新版本的 ADWG 的介绍如下：

"旨在为如何良好地管理饮用水供应提供框架，如果得以实施，将能保障用水安全。ADWG 在制定之前进行了科学考量。其中定义了什么是安全和优质的水，如何符合以及如何确保水质达标。它们既从卫生角度关心安全，也从审美角度关心质量"（国家卫生与医学研究理事会，2011 年）。

ADWG 采用了一种"水域至龙头"的方法，建议在供排水产业链中的所有节点采取措施，保障在用户用水点拥有高质量的水。这些不是强制性的标准，或者说至少不是由联邦政府授权的，而是由卫生部门或类似机构（视州或地区而定）来制定应该如何应用的方针。一般来说，卫生监管机构通过监管或将要求纳入水务公司的经营许可证中来明确提出企业需要达到的标准，同时要考虑到当地条件、被监管的系统现状、风险和消费者为水质改善的支付意愿。

ADWG 是国家水质管理战略的一部分，其中包括休闲娱乐水域、水生态系统、城市雨水、循环水、废水管理、污泥（生物固体）管理和工业废水管理的准则，除此之外，还有为特定行业制定的准则（如集约化养猪场排放的污水），每条准则都进行过逐条的审核。

4.5.7 供排水的多样化

过去二十年制定的监管（机构）制度的作用之一是使人们更加关注节约用水和供排水的多样化，必须指出的是，严重的干旱刺激了这些制度的发展，在干旱时期大多数管辖区都对用水做出了限制。全面反映成本的水价制度的制定使得用水合理化，这样消费者用水时更加理性，因此如前文所述，人均用水量明显下降了。澳大利亚水服务协会的报告指出，1974 年以来，悉尼的人口增长了 120 万人，但城市总用水量却完全没有增加。虽然目前国家的大部分地区消除了干旱，取消了大多数用水限制，但是由于住宅用户投入了高效的节水设备，工业用户重新投入了耗水量更低的生产工艺或者采取废水回收利用措施，节水已经深入到了整个系统。节约用水是过去二十年改革驱动下的一个主要的新"水源"。

由于水资源的可获取性下降了，水务公司需要为自己的投资决策负责，因此许多水务公司已经开发了替代传统地表和地下水供应的供排水方式，大部分首府城市都展开了海水淡化和循环水的投资，水敏感城市建设的目标是对城市环境中的水进行储存和再利用。过去大多数城市的水务公司依赖于一两种水源，而现在其投资通常包括地表水、地下水、雨水和循环水、海水淡化和节约用水（需求管理）。一般来说，供排水形式的多样化并不是由监管规定的，而是受到运营环境的刺激，环境使水务公司关注于水价、效率和投资回报。

在《国家水资源倡议书》中提到"节水标签和标准提案"（WELS）。该倡议要求按照2005 年《国家节水标签和标准法规》制定的标准，对某些产品进行注册并贴上节水标签。根据该提案，管道产品（如淋浴）、卫生洁具（如马桶）和大型家电（如洗碗机）需标注各自的节水标志，市场消费者可以知道各个设备的节水效率。此外，WELS 为设备制定了一些最低标准，例如每次冲洗耗水量超过 5.5L 的马桶不得在澳大利亚销售。WELS 在给予消费者购买建议和减少家庭耗水量方面非常有价值。WELS 具有执法能力，但更多的是依赖于说服教育，并与制造商建立良好的合作关系来实现目标。

4.5.8　消费者保护

由于政府所拥有的水务公司受到与私营企业一样的法律约束，因此水务公司的用户同样也受到消费者权益法的保护。然而水务公司通常是自愿的或根据其经营许可证的要求来对公司进行升级的，消费者权益章程规定了消费者的权利和责任。例如，当水务公司供排水服务中断而且没有在规定时间内恢复供排水或水压合格率低于 98% 时，该章程规定了相应的补偿措施。此外，在许多管辖区，用户如果对服务不满意可以求助于州监察员（不管是一般单位还是水务部门的监察员），监察员办公室可以进行干预解决争端，还可以要求水务公司对用户进行补偿。

4.6　成绩和改进空间

澳大利亚的水务改革进程相当激进。通常认为依赖于严格的监管制度会导致效率低下，不如利用市场力量来创造竞争的环境从而使用水量合理化，并且使水务公司拥有良好的财务状况。虽然在许多情况下确实存在严格的监管方法，如水务公司需要达到所有法律要求，包括那些与污染控制、卫生和公司管理相关的要求，但改革主要是由结构改革或商业改革推动的。改革的成果是显著的，包括企业效率得到了显著提升、人均用水量大幅度减少、公司负债减少，人们普遍接受了这种改革方式。国家竞争政策框架的发展以及供排水改革被视为澳大利亚经济和自然资源政策的开创性时刻。改革进程最重要的特点之一是它在全国范围内的推行，这种全国协调一致共同努力的例子相对少见。

然而仍需要对一些负面因素采取进一步行动，包括：

（1）目标模糊。如前所述，公司化的水务公司通常被授予了经营许可证，其内容通常包括政府作为股东期望企业实现的目标。然而，有一种趋势是，这些文件超出了对供排水商的一般要求。比如，它们可能包括可持续发展、公平、消费者保护、自然资源管理以及其他超出对私营企业要求的社会政策目标，而这些私营水务公司可能会比那些需要满足特定目标的水务公司更具有价格优势。澳大利亚政府的生产委员会最近对城市水资源管理进行了调查，对于经营许可证被政府用作控制水务公司这种方式做出了负面评价。

（2）政府参与决策。这个问题不是独立于前面问题的，但政府参与不是通过经营许可证的方式进行的。举例来说，新南威尔士政府决定投资一家悉尼的海水淡化厂，但独立审查认为不应该做此决定。该海水淡化厂的投资大约为数十亿澳元，如果有更好的风险管理的话（如政府没有参与）可能不会建设这个水厂，或者是建设规模更小些的水厂或将来再建。事实是，水厂从来没被要求过供水（水厂运行是为了保持操作正常）。其他首府城市也有同样的政府干预情形。

（3）非商业性股息要求。由独立董事会经营的商业公司通常要向股东支付股息。然而，有人认为政府对这一过程过度干预了，从企业中提取了非商业性的股息，这会影响企业用于再投资的可用资金，并可能增加负债。

（4）经济监管不一致性。基本服务委员会（维多利亚州）和独立定价及监管法庭（新南威尔士州）的经验表明，这样的独立经济监管机构发展成熟、监管严格。虽然在全国各地建立这样的监管实体是一种普遍的趋势，但许多都处于萌芽期，定价决策有时候缺乏透明度或受到政治干预。

（5）《水资源规划》进展迟缓。虽然水资源规划对农村系统的影响比对城市系统的影响大，却与所有系统都相关并且很重要。然而，正如国家水资源委员会对《国家水资源倡议书》进展情况进行的两年期审查所观察到的那样，各州政府启动和完成水资源规划的进展非常缓慢。

（6）结构缺乏一致性。《国家水资源倡议书》的目的是在全国各地建立商业化的水务公司，在某些管辖区这一目标得以迅速实现，比如维多利亚州在多年前就已经在全州范围内建立了多家水务公司，此外还有西澳大利亚州和澳北区。然而其他各州的进展则不一致且缓慢，因此虽然新南威尔士州的一些水务实体已经公司化很多年了，但其他实体，特别是由当地政府管理的而不是由州政府管理的实体则没有完成转变。通常这些地区的水价制定、管理和监管责任往往不清楚，有证据表明，一些非首府城市的水务公司财务状况薄弱。

（7）缺乏竞争。尽管存在着激励竞争的意愿，但竞争力在很大程度上仍仅限于标杆管理项目和外包给私人部门的服务，虽然这种情况正开始发生改变，但对于城市地区的供排水服务来说，直接竞争却很小。

4.7 未来发展方向

澳大利亚人口持续增长，气候也一如既往的多变。水务行业的改革进程远没有完成。消费者数量增加、气候变化、澳大利亚工业基础变化、消费者用水习惯变化、确保所有水源安全达标以及许多其他因素将带动更大的变化。总体来说，改革的方向倾向于更充分地利用市场力量，但这也不确定。事实上，经过数十年的改革加上环境干旱，澳大利亚民众对于进一步改革的意愿可能有限，同样地，政治家可能也不太愿意引入进一步的改变。然而，可以列举以下几个可能影响到水务部门监管本质的重要趋势：

（1）城市水资源综合管理。随着水源的多样化，为满足多种需求，整合各种可利用水源变得越来越重要。目标包括可持续发展、减少能源消耗、可靠性、卫生保护、成本效益等，各种水资源的使用方式可能会对目标造成影响。例如，澳大利亚水服务协会指出，家庭节水效率的提升减少了排放到排水系统的污水，在某些情况下这可能会威胁到水循环项目的可行性，因为循环水的运行依赖于定期排放污水。另一方面，地方政府法规要求安装家用雨水箱减少了对非饮用水的需求，使得循环水计划的执行受到了威胁。需要运用多水源城市水资源综合管理方法，如果这种综合管理存在监管障碍，则需要消除障碍。

越来越多的研究关注于水敏感城市的发展，在水敏感城市中，城市综合水系统的设计和运行被纳入到了城市结构中。例如，可以创建出城市水特征，使用自然过程来处理雨水，也可以作为非饮用水的水源，缓解城市热岛效应或者具有审美效益。目前这种发展存在着许多监管障碍，例如，防火要求明确规定了主要管道需要以特定直径供应饮用水，这既限制了系统的灵活性又增加了成本。事实上，使用别的水源（如深度处理过的循环水）供应消防用水同样安全。此外，在这种系统中成本分摊方式是一大限制。例如，不管安装的是传统的还是创新的系统，房地产开发商收取的费用可能都一样，尽管使用创新系统可能会降低水务公司的成本。最后，政治危机对系统的使用方式有影响。例如，在某些管辖区，农村向城市运送水或使用循环水方面存在着政治因素引发的障碍，在这些情况下，可能需要进行监管改革。

Brown、Keath 和 Wong 在 2009 年指出现代城市正处于从只关注保障水资源安全和确保供排水到实现多目标（适应气候变化、可持续发展和舒适性等）的转换过程中。他们建议从"水循环城市"转变为具有创造性和适应性的"水敏感城市"，图 4-2 对该概念做出了说明。

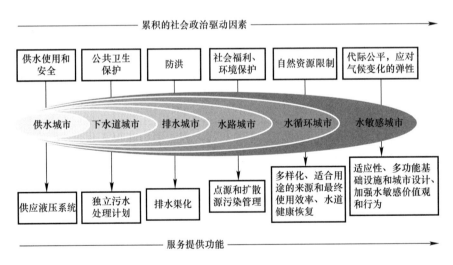

图 4-2　通向水敏感城市的途径

资料来源：Brown 等，2008 年，第 850 页。

（2）进一步的水价改革。前面提到，水价改革是一个持续的过程，然而面对干旱则需要进一步考虑几个关键问题。在极端干旱期间，大多数管辖区都对用水做出了限制，限制条例是不考虑消费者用水习惯的钝器。比如限制运动场地的用水，这同样也减少了人们娱乐的机会，消费者对娱乐的重视程度是否低于对水价的重视程度，这还不清楚。此外还存在着平等的问题，住在较贫困社区的人们被禁止在孩子们可以玩耍的后院里铺设软管，但是享有特权的人却可以注满他（或她）的游泳池，没有人会进行阻止。对用水施加限制使得国家因为生产力的减少损失了数十亿澳元，有人建议将水价与水资源可用性结合起来，这样可能会更好，"稀缺性水价"的方式能让消费者自由选择购买的水量，并且将会使水的分配更具灵活性。有几种模式可供选择，例如，采用浮动制水价法，即在干旱时期水价更高，或者消费者可以选择干旱时期受到限制的安全保障系数更低的供排水或不受限制的安全保障系数更高的供排水。虽然这些是有趣的概念性的建议，但目前的用水需求价格弹性（单位价格上涨导致消费下降的程度）比较低，因此稀缺性水价可能对用水需求没有影响，鉴于最近的干旱经历，这一理解值得重新审视。

（3）开放竞争。国家竞争策略和国家水资源改革的目标之一是促进竞争。一般来说，竞争通常是通过标杆竞争、比较和外包服务来实现的。然而，在某些方面和自然垄断仍存在着矛盾，有人认为鉴于水资源的多样性，水系统实际上不再是自然垄断的了。因此目前正在探索扩大竞争的机会，立法或监管也正在发生改变。例如，在新南威尔士州引入的水务行业竞争法与其他相关规定为私营企业进入水务市场提供了机会，许多组织已经申请了经营许可证，有的提供循环水，另外一些则在悉尼水务公司业务范围内提供饮用水。这些法规的效果正受到密切关注。虽然竞争受到推崇，但也有人担心私营企业会找出供排水体系中最挣钱的地方，使得悉尼水务公司成为最后的供排水企业。其他人则认为竞争会降低成本，并为消费者和环境带来巨大的效益。

4.8 结论

澳大利亚水务改革进程已经转型。资源利用效率（财政和其他）取得了巨大提高，用水需求大幅度下降。虽然存在着同样适用于政府所拥有的水务公司和私营企业的严格的监管环境，但这些成就很大程度上是市场而不是监管驱动的。水务市场和水务企业期望盈利和提高投资回报率而进行公司化共同催生了商业，而非监管压力推动绩效带动市场环境的改善。

当然改革的过程并不完美，虽然有多个政府参与了改革但不是所有政府都做出了有效的回应。此外，随着城市地区向水敏感城市的过渡，还有许多工作要做，剩下的改革工作也需完成。总是会有倒退的风险，据媒体报道，澳大利亚新政府正在考虑将国家水资源委员会推向联邦水务部，这将会使其失去独立性和道德监管的力量。然而迄今为止，水务改革得到了广泛的接受，而且已经取得了很大的进展，即使现在政府对改革的承诺有所下降，也不可能回到以前的做法。

本章参考文献

［1］ Australian Bureau of Statistics（2014）. http:// www. abs. gov. au/ausstats/abs@. nsf/Latest products/3218. 0Main% 20Features32012-13? opendocument&tabname ＝ Summary&prodno ＝ 3218. 0&issue＝2012-13&num＝&view＝(accessed 7 April 2014).

［2］ Brown R. R.，Keath N. and Wong T. H. F.（2009）. Urban water management in cities: historical，current and future regimes. Water Science & Technology，59（5），847-855.

[3] Bureau of Meteorology（2013）. The National Water Account. http：// www. bom. gov. au/water/ about/publications/document/InfoSheet_7. pdf（accessed 13 April 2014）.

[4] Council of Australian Governments（1994）. The Council of Australian Governments' Water Reform Framework. http：//www. environment. gov. au/resource/council-australian-governments-water-re- form-framework（accessed 9 April 2014）.

[5] Council of Australian Governments（2004）. Intergovernmental agreement on a National Water Initia- tive. http：// nwc. gov. au/__data/assets/pdf_file/0008/24749/Intergovernmental-Agreement-on-a-na- tional-water-initiative. pdf（accessed 9 April 2014）.

[6] Council of Australian Governments（2010）. National Water Initiative Pricing Principles. http：// www. environment. gov. au/system/files/resources/34dbb722-2bfa-48ac-be7e-4e7633c151ed/files/nwi-pricing- principles. pdf（accessed 12 April 2014）.

[7] Department of Environment，Water，Heritage and the Arts（2010）. National Water Initiative Pri- cing Principles：Regulation Impact Statement. Australian Government，Canberra. http：// www. envi- ronment. gov. au/system/files/resources/78883fe0-c5b6-4dec-9fac-5b630d064f00/files/ris-nwi-pricing- principles. pdf（accessed 12 April 2014）.

[8] Environment. gov. au. （2014）. National Water Initiative Water Plans. ［online］ Available at：ht- tps：//www. environment. gov. au/water/australian-government-water-leadership/nwi/status-incom- plete（accessed 13 April 2014）.

[9] Hoang M. ，Bolto B. ，Haskard C. ，Barron O. ，Gray S. and Leslie G. （2009）. Desalination in Australia. CSIRO，Australia.

[10] National Health and Medical Research Council & Natural Resource Management Ministerial Council （2011）. Australian Drinking Water Guidelines 6. Australian Government，Canberra. https：// www. nhmrc. gov. au/_files_nhmrc/publications/attachments/eh52_aust_drinking_water_guidelines_ update_131216. pdf （accessed 13 April 2014）.

[11] National Water Commission（2005a）. Australia Water Resources，2005：A Baseline Assessment of Water Resources for the National Water Initiative. http：// www. water. gov. au/publications/ AWR2005_Level_2_Report_May07. pdf（accessed 1 April 2014）.

[12] National Water Commission（2005b）. Australian Water Resources 2005. http：//www. water. gov. au/WaterUse/Waterusedbytheeconomy/index. aspx？Menu＝Level1_4_2 （accessed 8 April 2014）.

[13] National Water Commission（2011a）. The National Water Initiative-Securing Australia's Water Future：2011 Assessment. National Water Commission，Canberra. http：// www. nwc. gov. au/__ data/assets/pdf _ file/0018/8244/2011-BiennialAssessment-full _ report. pdf （accessed 13 April 2014）.

[14] National Water Commission（2011b）. Review of Pricing Reform in the Australian Water Sector. National Water Commission，Canberra. http：// archive. nwc. gov. au/__data/assets/pdf_file/0015/ 18051/Chapters_3_-_5. pdf（accessed 9 April 2014）.

[15] National Water Commission（2012）. National Water Planning Report Card. http：// archive. nwc. gov. au/ library/topic/planning/report-card（accessed 13 April 2014）.

[16] National Water Commission & Water Services Association of Australia（2013）. National Perform- ance Report 2012-13. Australian Government，Canberra. http：//www. nwc. gov. au/publications/top- ic/nprs/national-performance-report-201213-urban-water-utilities（accessed 8 April 2014）.

[17] Productivity Commission（2011）Australia's Urban Water Sector（Vol. 1）. Australian Govern-

ment，Canberra. http：// pc. gov. au/__data/assets/pdf_file/0017/113192/urbanwater-volume1. pdf (accessed 10 April 2014).

［18］ Radcliffe J. C. (2006). Future directions for water recycling in Australia. Desalination，187 (1)，77-87.

［19］ Tisdell，J.，Ward，J. and Grudzinski，T. (2002). The Development of Water Reform in Australia. Cooperative Research Centre for Catchment Hydrology，Canberra. http：// members. iinet. net. au/～jtisdell/utas_website/pdf/Tisdell_development. pdf(accessed 2 April 2014).

［20］ Victorian Competition and Efficiency Commission (2011). Victoria's Productivity，Competitiveness and Participation：Interstate and International Comparisons. ACIL Tasman Pty Ltd，Melbourne. http：// www. vcec. vic. gov. au/CA256EAF001C7B21/WebObj/ACILTasmanReportWord/ $ File/ACIL% 20Tasman%20Report%20Word. doc(accessed 23 April 2014).

［21］ Water Services Association of Australia (2009). Vision for a Sustainable Urban Water Future：Position Paper No 3. https：// www. wsaa. asn. au/Resources/Positions/Vision% 20for% 20a% 20Sustainable% 20Urban%20Water%20Future. pdf (accessed 14 April 2014).

［22］ Water Services Association of Australia (2012). Asset Management Performance Improvement Project. https：// www. wsaa. asn. au/projects/Pages/Asset-Management-Performance-Improvement-Project. aspx♯. U0lGC_l9KSo(accessed 12 April 2014).

第5章　从公用事业管理者的角度看丹麦的供排水服务监管

5.1　引言

本章介绍了丹麦水务部门最新的改革措施，其中包括了自来水公司可向用户收取的水价上限监管，描述了监管的原则，以及从公用事业管理者的角度介绍了实施监管带来的成果。

5.2　丹麦水务部门

丹麦水务部门非常分散，有大约 2500 家公用事业公司为大约 500 万人提供服务。这些公司归市政或消费者所有。然而，大部分供水及排水收集和处理工作都是由 100 多家主要的市政公司来承担，见表 5-1。

丹麦水务部门的结构　　　　　　　　　　　　　　　　　　　　　　　　　表 5-1

供排水	卫生
约 2300 家公司，多为小型合作社（占总供给的 10%）	100 多家市政公司（占供给的 98%）
200 家大型公司（多为市政公司）提供城市和部分乡村地区用水（占总供给的 90%）	

每年水务部门的营业额约为 100 亿丹麦克朗（1 欧元＝7.5 丹麦克朗）。

5.3　丹麦水务部门改革简介

2003 年丹麦竞争管理局估计水务部门通过提高效率每年的收益可增加 13 亿丹麦克朗。这引发了一场关于如何改革水务部门的政治辩论，它推动了 2009 年新版《水务部门法》的出台。

《水务部门法》的主要目的是提高公用事业的效率从而降低水价，减少未来《水框架指令》的实行和应对气候变化方面的财政开支。《水务部门法》及其补充规定和条例中定义了改革的范围。

总的来说，《水务部门法》要求将供排水和卫生部门从一般的政府服务组织中独立出来，成立政府公用事业有限公司（政府可以将公司出售，但由于它是非盈利企业，因此没有收购者）。

《水务部门法》引入了价格上限监管，并在竞争当局的基础上建立了一个监管机构。

监管包括了表 5-1 中所列的年供排水量超过 20 万 m³ 的大型公司。

《水务部门法》明确规定了每年监管机构都需要制定每个公司可向用户收取的最高水价。该水价是通过每年在基准考评中比较企业绩效，再兼顾通货膨胀和社会生产力发展得出来的。《水务部门法》带来的成果在 2014 年进行了评估。

同过去一样，公用事业的环境绩效是由环境部监督的。

除了监管的"自上而下"的基准测试外，十多年来，丹麦供水排水公用事业一直积极致力于由丹麦供水排水协会（DANVA）开发和运营一个无偿的"自下而上"的基准系统以提高成本效率。

5.4 节和 5.5 节介绍了水价上限监管和 DANVA 基准系统的原则。

5.4 根据《水务部门法》的水价上限监管

法律规定截至 2010 年 1 月 1 日，市政所属的公用事业需要从一般的市政服务机构中独立出来成立有限公司。这些公用事业可以向用户征收的最高水价由下面的公式计算：

最高水价＝运营成本的上限＋水务公司无法控制的额外成本（如与公共当局设定的环境目标和服务相关的税收和成本）＋资本支出的上限。

5.4.1 运营成本（OPEX）

水价监管的依据是 2003—2005 年间的年平均运营成本。每年在其基础上加上通货膨胀增加的成本，再减去生产效率提高降低的成本，得出公用事业的有效需求。最后，根据基准系统制定出各个公用事业的效率需求。

根据数据包络分析法（Data Envelope Analysis，DEA）的原则制定基准模型。通过运用可计算供排水或废水处理过程中不同措施的生产成本的动因，DEA 可估算出在一个特定的市场中，一个有效率的公司能够达到的开支水平。生产水量和配水管网长度都是成本动因应用于饮用水供应的例子。

通过对比最有效率的公用事业，基准系统得出了其效率潜力。通过该项潜力，在考虑到 20％的不确定性和每个公用事业自身情况的前提下，可得出其年效率提高需求。最后没有一个公用事业的年效率需求超过 5％。在没有超过成本上限的情况下，如果公用事业在运营成本上的开支减少，则可将多余的资金用于资本支出。不允许有任何盈利或股本回报。

举例说明，2013 年选定的大型公用事业的效率潜力如图 5-1 所示。通过基准模型估计，一些公用事业的效率潜力可达 20％以上。一般来说，监管机构估计 4～5 年内可达到这部分效率潜力。

然而，由于运营成本上限的限制，公用事业的年效率需求不能超过 5％，个体的效率需求没有反映出如图 5-1 所示的潜力。

5.4.2 资本支出（CAPEX）

根据估算的资产折旧费设定资本支出上限。

没有引入效率需求的原因是，在引入监管时，需要大量的投资以应对气候变化带来的管道更新及扩建的需要。

为了使每个公用事业站在相同的起点上，出于监管的目的，每家公司的总资产根据监管机构发布的"成本目录"来制定。目录中每项资产（如污水处理厂）的价值可由人口当量来确定。为了简化记账，在经过审计员允许的情况下，公用事业可以用成本目录中的价值来代替实际资产负债表中所列的资产价值。

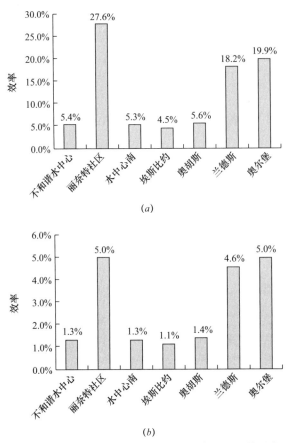

图 5-1　2013 年选定的公用事业的效率潜力及其需求
(*a*) 效率；潜力；(*b*) 各自的需求

从这个起点出发，将年资产折旧费估算值设定为资本支出上限。如果投资需要更大的流动性，则需通过抵押或其他贷款方式来获得融资。运营成本上限中包含了利息，资本支出上限中包含了偿还贷款金额。

超过资本支出上限的多余资金不得用于运营资本，但将在未来几年内从资本支出中抵消。该机制的举例说明参见表 5-2。由表 5-2 可知，效率需求定为总的最高水价的 50%。

BIOFOS—spildevandscenter avedore 2014 年水价上限　　　　　表 5-2

效率机制下的运营成本上限	环境和（或）服务水平目标	资本支出上限	最高水价
4.47 丹麦克朗/m³	0.77 丹麦克朗/m³	3.68 丹麦克朗/m³	8.92 丹麦克朗/m³

注：m³C 指提供的饮用水。1 欧元＝7.5 丹麦克朗。

5.5　DANVA 基准系统

除了用于制定水价上限的基准系统外，为了提高效率，《水务部门法》要求公用事业执行年度过程基准测试。因此，大多数公用事业采用了由 DANVA 开发的基准系统。该系统已经运行了十几年。公用事业通过网络将数据上传到系统，如图 5-2 所示，通过该程序，可得到不同工序的单位成本并以图表的形式提供给参与者。除单位成本外，DANVA 系统还能比较出水值、去除率等关键绩效指标（KPI），如图 5-3 和图 5-4 所示。

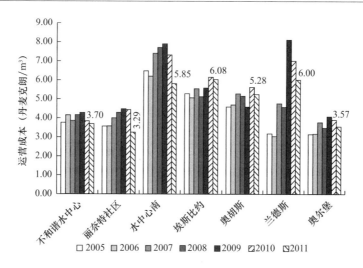

图 5-2 2005—2011 年间选定的公用事业废水处理的运营成本对比

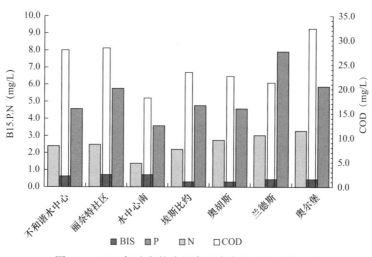

图 5-3 2011 年选定的公用事业废水处理出水值对比

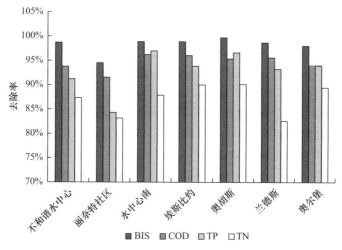

图 5-4 2011 年选定的公用事业废水处理去除率对比

5.6　基准系统的比较

DANVA 和监管基准系统的对比见表 5-3。

基准系统比较　　　　　　　　　表 5-3

DANVA	监管机构
根据 KPI 排列公用事业	为确定水价上限排列公用事业
以生产为目的，由从业人员开发	以经济的目的，由经济学家开发
反映公用事业的业务流程	反映理论成本动因
经验交流的基础	经验交流以便找到漏洞
结果公开	结果公开
每年实行	每年实行
适度控制数据（可能反映在数据的质量上）	大量的控制程序（以及相关的成本、审计）
管理人员和从业人员都能理解结果	仅专家能解释结果（CEO 无法解释账目）
很少关注管理	高度关注管理

两种基准系统之间的主要不同在于，DANVA 系统由从业人员开发，注重业务流程以及环境和服务层面的关键绩效指标；监管机构系统注重经济、效率并包括了大量的控制程序以及来自审计和执行的相关费用。最后，监管机构系统更注重管理，这对公用事业来说具有巨大的经济效益。

但从长远来看，当管理人员需要确定哪方面的绩效可以改善时，如 DANVA 这样的关键绩效指标系统可作为很好的工具。

5.7　公用事业管理者对该监管和基准的总体评价

前文的重点在于丹麦水务部门在水价监管中的技术部分。本节则侧重于公用事业管理者的个人的观点。本节纯属作者个人主观的观点。

5.7.1　总体观察

十年前引入 DANVA 系统时，人们普遍认为它有助于通过非正式经验交流提高公用事业的效率。参与者往往是技术人员而非管理者。很少有人将该系统作为提高财务绩效的基础，对于很多人来说，使用该系统的目的是显示出公用事业提高效率的意愿，从而避免受到监管。

这种态度逐渐改变了，管理者们开始考虑如何将基准系统作为提高单位绩效的工具。不管怎样，引入水价上限监管受到了广泛的关注，因为这对公用事业来说非常重要。

与 DANVA 这类直接反映关键绩效指标的系统相比，DEA 作为一种分析工具只有专家才能理解。特别是对于小型公用事业来说，它们支付不起专家费用，这使得分析结果难以解释。因此，自监管以来，一直都有较大的争议。人们质疑分析结果的准确性以及是否只反映单个公用事业的情况而没有普遍性。很多人曾（现在也是）致力于发现监管的漏洞以得出更高的水价上限。

其他特殊性来自于这样一个事实：运营成本是受监管的而资本支出则不受监管。这在某些情况下导致了正常的财务评估下不明智的投资。

5.7.2 具体观察

5.7.2.1 简单化

当引入一项监管时，应确保其透明性并尽可能地简洁，使得受监管公用事业管理者能切实地理解监管背后的原则。很多丹麦的公用事业管理者发现很难向董事会解释账目。监管的设定应避免让投机者找到漏洞。

5.7.2.2 非财务因素

考虑到用户和一般大众的需求，仅财务监管不能反映出公用事业的绩效水平。监管还应考虑其他的关键绩效指标，如客服绩效（如投诉次数和爆管次数）和环境绩效（如废水处理效率和碳足迹）。

5.7.2.3 遵循财务管理的一般原则

确保监管不会颠覆一般的商业管理做法，比如，偏袒从一般投资分析角度上看不可行的投资。

5.7.2.4 留出时间用于计划和实施

年度水价上限的制定没有为管理提供足够的时间用于计划和实施。任何组织都需要时间来确定如何使得实施更加有效。因此，反映更长周期（如3年）的水价上限是更好的方法。

5.7.2.5 公用事业对监管应持积极的态度

虽然对于监管仍然存在着争议，但是丹麦越来越多的公用事业管理者把监管看作他们行业普遍的，特别是对他们组织发展有利的驱动力。

因为不允许盈利，所以缺乏显示绩效的参数，公用事业应运用监管和DANVA基准系统的分析结果来使其绩效对于用户、业主、董事会、当局、非政府组织、一般公众和同行等利益相关团体具体化。

5.7.2.6 认可水务部门的改革

公用事业管理者已经认可了丹麦水务部门的改革。特别是公用事业作为有限公司变得更为独立，从而释放出很大的动力，把重点放在管理和绩效上而不是技术上。

从上述的观察中可以看出，很少人想回到以前的系统，但是很多人想要有更为简单的系统。

最后，就丹麦水务部门改革引入的水价上限监管，笔者的个人经验总结如下：

（1）监管和"自上而下"的基准系统将公用事业关注的重点从技术上转移到了管理和绩效上。

（2）必须认真地将基准系统和监管结合起来。

（3）"自下而上"的基准系统如DANVA可用于鉴定公用事业是否具有潜在的改进之处。

（4）应保证监管和基准系统的简洁，以便于管理者的理解。

（5）为便于计划和实施，监管和基准系统的周期应大于3年。

（6）控制是必要的，但必须将其保持在最低限度内。

（7）监管机构和公用事业应不断商讨如何提高和简化系统。

（8）模型和数据是必要的，但常识和专业知识是前提。

（9）内部和外部的透明都很重要，因为我们是垄断行业！

第6章 拉丁美洲和加勒比地区监管的经验和结论

6.1 引言

由于 20 世纪 80 年代经济的衰退,在拉丁美洲和加勒比地区公用事业服务领域(包括饮用水和卫生方面),国家在经济中所起的作用已经发生了根本性的改变。这种改变的目标是在采取税收紧缩措施的背景下,减少和重新调整公共支出,并提高公用事业的服务效率。这些改革的主要成果之一是国家的职能从直接开采水、公共工程的执行和运作以及直接提供公用事业服务转移到第三方监管、控制和促进活动的职能,无论是对自治的公共机构、地方政府还是私营企业。

由于这些政策,该地区几乎所有的国家都改革了饮用水和卫生部门的体制结构。这些改革均涉及明确划分部门政策、领导层和战略规划的职能,企业的经济监管、监督和管理,以及基础设施服务的提供和运作。

如今在大多数的国家,这三种职能被分配到不同的组织,权利和义务有明确的界定。这种职能分离是该部门改革进程的基石,并被应用到所有公用事业服务中,这代表了制度的创新。区域经验表明,在任何情况下决定将提供服务的行业私有化时,职能分离都是不可或缺的,即使在维持国家或市政控制的情况下也强烈建议这样做。

在该地区有 70%的国家,无论自主经济管理机构是在国家一级(几乎所有情况下)、地方一级(联邦国家)还是市政一级,都建立了供排水和卫生服务。在大多数情况下,其目的是分别监管公用事业服务部门,因此设立了专门的实体来监管饮用水和卫生服务。而在其他国家,通常是较小的国家,建议设立针对所有公用事业服务的单一的监管机构。

2001 年,为了应对该地区的部门监管,并推动一体化和相互合作的需要,成立了国家饮用水与卫生服务监管机构(简称 ADERASA)。在 ADERASA 的优先考虑事项中,强调了与该地区饮用水和卫生部门监管相关的五个合作主题:标杆管理、小型运营商(小型运营商的有效监管工具)、公共服务提供者(提供公共服务模式下的监管细节)、"绿色"监管(监管工具可以实现将环境成本包含在饮用水价格中)和监管会计。

尽管主要是为了反对政治干预,监管机构已经寻求在制度设计上提供更高程度的自治和独立,但是在实践中,组织还是相当薄弱的,没有产生任何真正的权威,自由裁定权极其有限,并且解决国家管理职能冲突的机制不充分。在许多情况下,这些组织通常受到有利于掌权者的行政权力的特别干预。此外,由于地方政府能力低、管理岗位不稳定、预算过低以致于无法有效地开展工作,并且履行职责的法律能力有限,所以时常发生冲突。

最近,一些国家加强了它们的监管制度和组织机构,而在另一些国家,由于私营的国际运营商和提供者撤回国家所有权,监管机构被削弱了,特别是在那些与私人投资者发生严重冲突的国家。由于政府和消费者感觉到组织机构没有适当地履行他们的职能，在许多情况下，他们已经承认没有足够的资源或自主执行任务的能力，这种削弱致使监管作用受到了质疑。

6.2 什么是监管？

饮用水和卫生服务是地方自然垄断的典型例子。自然垄断由于涉及内在的技术特性，当服务由单一服务提供商提供时，总生产成本要比在两个或多个运营商之间分配服务时低。因此，引入另一个服务提供商是不盈利的，而且在一个特定的地域内由一个提供商提供服务更有效。

在自然垄断方面，政府在为公民提供服务时面临着两种基本的选择：国营，就如大多数国家的情况一样；或者是对私有垄断的监管。如果放弃国家所有权，政府需要作为监管机构进行干预以鼓励生产效率和分配，因为自然垄断活动会造成竞争力缺乏。

监管的目的是在竞争激烈的市场体系中，再现通过生产效率和分配效率所能达到的结果。这被称为市场的代位权原则，并遵循适用于私有提供商的传统监管观念。根据这一理念，在固有的自然垄断活动中，监管机构应充当市场的替代者，试图迫使服务提供商在本质上表现出来离开监管，但却受制于自由竞争的力量。

在拉丁美洲和加勒比国家，起草监管框架和建立负责任的组织是20世纪90年代改革的一个综合部分，在许多情况下，它的主要目标是为饮用水和卫生行业吸引投资和私人管理。然而，私人部门的合并并不是特别成功，而且没有持续多久，原因是国家经济结构性的限制，跨国公司企业战略的改变，以及用提高水价的方法来解决计划投资和全球经济的变化所存在的矛盾。这导致了该地区私营服务提供商从21世纪初开始撤出，并逐步恢复到国家和城市所有的服务供应模式，智利是一个明显的例外。尽管如此，监管机构最后还是保留了最初旨在规范私人经营的法律框架，但最终被应用于国家或市政服务的公共经营者。

该地区各国面临的一个主要挑战是，一方面，服务提供是以公共实体为特征；另一方面，监管框架的设计旨在通过经济和财政激励手段对私营服务提供商进行监督。问题是，这些激励措施不一定有效，甚至在某些情况下，面对公共服务提供的框架下，条款可能会适得其反。

例如，特别是在市一级，服务提供商或其机构业主出于政治原因不愿意调整自己的水价，因为他们更倾向于依赖其他政府的预算拨款（通常来自中央政府）。在其他情况下，仰仗他们的谈判权或其他行政权力的支持，他们干脆无视监管规定。由于市政自治的原因，经常会出现类似的冲突，由于服务提供商的分散，这种情况经常会恶化。因此，许多运营商被迫在资源有限的环境下工作，这意味着他们无法遵守监管规定。大多数服务提供商在财务上无法自给自足，而且决定分配预算资源和允许的债务水平通常不是监管机构或提供商，而是取决于税务或财政当局。

关于如何监管州或市所拥有的服务提供商的议题可以被炒作。毫无疑问，对上市公司的正常监管是有意义的，但由于其特殊性，毫无疑问对于提供饮用水和卫生服务这类活动需明确规定和控制。在千年发展目标和供排水与卫生人权的专家会议上（智利圣地亚哥，

2013 年 7 月 8 日）制定的千年发展目标和人权框架中，分析了这些挑战。这也是在 AD-ERASA 框架内优先合作的主题之一。

6.3　作为监管方法的合同

20 世纪 90 年代上半叶，对该行业的公司进行私有化的热情很高，该地区几乎所有国家政府都制定了雄心勃勃的计划。然而，这些计划大多数并没有实现。

由于没有监管框架或负责实施的组织，或者它们尚未合并，以及私有资本不惜代价要参与进来的原因，一些国家已经通过不同类型的合同形式引进私有资本和管理，主要是在大城市使用特许权和在提供排水处理和海水淡化的系统使用 BOT（建设、运营和转让），通过高于一般法律和自治机构的合同进行等。此外，在某些情况下，有时是在地方一级，在私人部门进入该行业的同时，或在这些机构被并购之前，设立了监管机构（或控制合同申请）。

当试图引入可持续的私人投资时，使用合同作为主要的监管方法并不像预期的那样成功。它也没有保证提供服务的效率。事实上，恰恰相反，因为许多冲突导致了大多数合同的终止。根据区域经验，这种方法的主要不足如下：

（1）由于竞争对手数量有限，并相互勾结，公开招标可能不具有竞争力。据估计，在该地区有 60% 的私人参与饮用水和卫生服务的情况下，"竞争"仅限于一两家公司。

（2）公开招标后的投机行为。一旦合同被裁定，更换运营商是困难和昂贵的。有一种趋势是提交投机或过于乐观的出价，然后试图在以后重新谈判。

（3）合同的规范、监督和应用方面的问题。在这个不断变化的世界里，这种方法的一个最重要的局限性是，随着时间的推移，合同条件需要加以修改。据估计，超过 70% 的饮用水和卫生服务合同已经在该地区重新谈判，通常是通过一些有时根本不透明的冲突过程实现的。正如预期的那样，服务提供商不愿意降低水价，政府也不愿意增加水价。在一些情况下，合同没有规定行政机构能够控制和监督服务提供商，并核实其对特许条件的遵守情况。

（4）资产评估和转移时终止合同的问题。如果经营者预期他们在合同有效期内的投资在合同终止时会被低估，他们投资新资产和维持现有资产的动机将会相对较低。因此，运营商有可能在合同有效期结束前用尽基础设施，或按照转让日历计划报废基础设施。此外，在合同期限结束时，从操作经验到系统建设，它已经达到了一定程度的战略优势，潜在的竞争对手将不再提交竞争性投标。

另一方面，在 20 世纪 90 年代期间，该区域各国从使用合同作为一种监管方法的经验中得到了如下重要教训：

（1）无论服务提供商是私有制的、公有制的还是混合制的，合同都不能免去对其进行监管的必要性，因为其信息系统是由全面的、标准化的监管会计提供的。

（2）监管框架的定义以及制度设计和主管机构的执行情况，必须先于私有化过程。如果不是这样，改革可能会不稳定，从而导致不合理的股权转让和收入，有时会出现非常高的金额既不能保证提供服务的效率，也不会吸引投资的情况。

（3）与服务相关的巨大公共利益以及解决本质冲突和各种复杂问题的需要，证实需要用法律而非合同的方式起草监管框架。这种方式在法律结构的稳固性、立法辩论的范围、严肃性和深度，以及不同政治势力和利益集团的观点和影响的可见性等方面具有一定的优势。

（4）监管机构制度设计的可取之处在于它们在一定程度上是独立的，从而避免了干预，特别是行政干预。与此同时，他们应该对立法权负责。然而，这种独立并不仅仅依赖于法律条文，而是更依赖于社会的治理或政治文化。从根本上来说，独立在某种意义上可以理解为，决定只能在法庭上才能作出上诉，从而消除对行业有利的行政上诉的可能性。此外，在许多情况下，禁止持票人在其职务上行使政治活动和稳固其职务。

6.3.1 信息访问

拉丁美洲和加勒比国家最初采用的关于饮用水和卫生的监管框架较为薄弱，特别是与在这一领域经验丰富的国家所建立起来的做法相比更显薄弱。一个关键问题是，这些框架中有些并不能保证监管机构可以得到他们所需的信息以确保其职能的行使；此外，一些设计规范（即文档提交方式）加剧了受监管企业的信息优势。我们不应忘记，现代经济调节理论最显著的特点就是让信息发挥核心作用。从这个角度来看，监管从根本上被理解为监管机构与受监管企业之间信息不对称框架内的控制问题。

人们最初认为在某些情况下，现代监管工具（如在前面丹麦一章中所述的，水价上限的监管）——监管机构如果能够获得相对有限且简单的有关成本和需求的信息，就不需要衡量水价基础或盈利能力比率，它们也不必分配共同成本，且在任何情况下使用合同都将会大幅度减少获取信息的需求。

阿根廷布宜诺斯艾利斯在饮用水和卫生服务方面的经验在这点上非常有启发性：

"合同意味着在饮用水和排水供应服务招标中确立了目标，如物理和化学性质、压力、统一生产成本、分配和可用性等，监管机构的职能可以忽略不计：仅限于确保一切按合同执行。为了做到这一点，需要具有专业技术的审计员和公认的具有国际声望的财务审计师的辅助。

然而，在1995年以后，出现了一些相关的问题：即使某些工作没有完成，它们的当前价值是多少？假如不做，特许权公司在运营成本上会节省多少？没有收到这份工作的付款，会损失多少收入？抵制被理解为出现了异常情况。一方面，公司停止了某些工作；另一方面，用户拒绝支付发票，抵制了特许权公司。然而，这些项目（运营成本、需要的投资和未收到的收益）在利率确定的时候被计算在公式当中，然后出现了一个明显的问题：我们应该降低、维持或提高水价吗？降低或提高多少呢？搞清这些问题的整个过程是非常混乱、不透明和不愉快的。由于现实本身给最初的预测带来的变化，人们期望通过对一个固定技术报价的竞标，以最好的水价来避免出现最坏的情况是什么呢？"

这些问题迫使该区域的许多国家加强和完善了它们在以下四个主要领域的管理框架：

（1）保证得到服务提供商内部信息的步骤。首先，监管机构必须明确它们需要知道的内容以及它们希望如何获得这些内容。受监管企业通常有法律义务根据监管机构的要求定期和永久地提交准确、真实和相关的信息，这些信息涵盖广泛，包括：既定要求、陈述格式、生产标准、逐项记录、定义、会计标准和监管机构规定的期限。它们也有义务提供监管机构要求的特殊信息。必须确保监管机构具备所有的经营属性，以便有效地获得它们所需要的信息：有权访问和检查服务提供商的设施、会计和法律记录、报告、设备及其安装情况，并要求提供相关信息的保证书。所提供信息的真实性通常通过经监管机构委托的公司进行技术审计和会计审计，由受监管企业进行认证。审计师必须独立于受监管企业，必须向监管机构提供基于普遍接受的标准和监管规则的专业意见。

（2）会计监管。如果监管机构不具备必要的属性来定义其管辖范围内的公司所使用的会计系统，那么监管机构就不能有效地发挥它们的作用。在引入会计监管时，通常会寻求以下方法：1）以标准化的统一的方式编制有关收入和成本的信息；2）从不同的服务提供商处获取信息，在不同的提供商之间遵守相同的可以持久的定义准则；3）对于提供受监管服务和其他不受相同监管的活动的公司，提供与受监管活动相关的收入和成本信息；4）账目需满足监管的明细化要求（依照活动、阶段和基础设施安装）；5）正确记录成本类型（例如，重置成本与维护成本分开）。

（3）转让价格的控制。由于监管公司通常也从事不受监管的业务（或在两个不同的监管区域之内），监管机构必须能够访问与之相关的活动，这是因为转让价格可以在其他市场用来避免经济监管和支持反垄断行为。同样的考量也适用于与此相关的业务，即使后者不受监管。

（4）通过标杆管理进行竞争。这是基于上述监管工具，在同一业务活动中促进公司之间的间接竞争，这些公司在不同的地域开展业务，给予一家公司的奖励取决于其自身的业绩和其他服务提供商的业绩。执行这项措施的主要困难在于：实际上在不同地域提供的服务之间总是存在着显著的经济差异，即使采用复杂的统计程序，也很难从地方成本中除去当地特有的外部因素的影响。

6.3.2　财务的可持续性

监管的一个支柱是需要有足够的激励措施，使服务提供商收取涵盖效率成本（运营和资本）的水价，使其在财务上可持续发展。尽管这个简单的规则在一个地区更多的是特例而不是普遍的做法，但在过去的十年里，它已经取得了重大进展，尤其是服务提供商越来越多地趋向通过水价收入来支付运营成本加上折旧费。

当达到完全由用户承担费用时就达到了最优融资。通过实现收入与提供的服务（参与客户和供应量，收集和处理）之间的直接关系，财务自给自足可以激发更好的业务效率（控制收入和成本）。此外，还鼓励消费者根据各自对服务的评价来消费服务。同样，财务上的自给自足减少了公共财政预算的压力，意味着这些预算可以分配给社会福利的其他领域，从而减少服务提供商内部管理的政治干涉空间，使得服务可以持久不断地融资，降低依赖于公共财政预算而带来的经济波动的脆弱性。

最佳的财务自给自足并不是短期或中期可以实现的目标。显然有些公司比其他公司要早一些达到，大家都努力实现这一目标。总之，如果执行国家政策，系统地了解到为了完成目标需要达到的里程碑，这个任务就会被勇敢地面对。

第一项任务是要确定赤字和大力投资兴建提供服务所需的基础设施，前提是要认识到大部分投资，特别是在主要工程和网络方面的投资，都应该由公共基金来支付。这是一个非常复杂的过程，由于总投资额巨大，因此应该确保有效的优先次序。同样地，必须保证对投资的控制，因为涉及的大笔资金可能会在交易成本、腐败和据为己有或行业外部的目标中损失。此外，还需要制定一项投资计划，其中包含使用公共资源的优先标准，甚至为具体工作确定具体资金，从而保证至少在税务机关执行方面以及监管机构在质量目标控制方面的规范性。类似地，债务水平不应被忽视，因为高债务水平，尤其是当它们为外部债务时，会影响到服务提供商的财务稳定性。

　　另一个任务是灌输支付文化，有效利用水资源必须与切实改善服务相关联。用户收费服务必须经过仔细设计，因为必须按照其财务能力进行估算；逐步收费，首先要考虑运营成本和最终回收资本成本。这项任务可延续多年，必须以补贴的形式配合公关基金执行，特别是对于低收入的群体。目标是让用户为运营成本和投资融资做出贡献，但即使在这种情况下，也必须维持一定程度的补贴。整个过程必须由一个监管机构控制，该机构需确保向用户收取的水价始终与提供服务所需的成本一致。

　　实现财务自给自足的目标在政治议程上的重要性是合规性的必要条件，特别是在主要基础设施严重短缺的国家。这一点至关重要，因为所有的行业改革和完善的游说活动背后，必须有一种驱动力，那就是政治意愿。然而，要真正实现这一目标并持续下去，需要一个监管框架和以可持续的方式实施这些改革的机构。在可持续性方面，主要要求源自于对服务提供商施加效率义务，从而以可持续的方式和最低成本提供优质服务。

　　为了确定有效成本，一个明确定位取决于服务提供商和监管机构对水价调查的支持，以估计预期需求，确定基础设施更换需要和任何新的工作以及运营成本。一旦确定了预算要求，可以计算出实体所需的确切收入。在水价调查的支持下，除了拥有一个规划工具的便利之外，还包括产生一个透明的领域，并可确定何时降低水价的决定不是出于可持续性标准，而是由于其他考虑。

　　一旦确定了成本，就可以确定所需收入的两个基本来源：公共财政（即纳税人），或用户。前者来自政府层面转移的预算资金，后者通过水价实现。话虽如此，但实际情况显然比在理论模型中的定义更为复杂，事实是没有一个实际情况是所有的收入只来自水费或公共财政。然而，建议资金的主要部分是通过水费而不是补贴来提供。如果从环境角度考虑到水的相对稀缺，个人支付是提高对资源的不合理利用所产生的不必要影响的认识的最直接机制。

　　公共融资与服务提供商财务管理之间的划分至关重要，两者不应该混淆。这意味着服务提供商的财务经理应通过良好的绩效管理来提高过程效率，以便从用户那里获得所需的资金。另一方面，国家或市政捐款倾向于减少经营者收取资金的动机，这不利于改善管理，除非这些资金与提高效率有关或受其制约。总之，公共投资必须始终计入服务提供商的资产负债表中，以便正确计算运营、维护和资产更换需求。

6.4　部门的水平结构

　　该地区的许多国家，传统上由城镇负责提供饮用水和卫生服务。此外，自20世纪80年代以来，部门改革的总趋势是权力下放，在许多情况下，权利下放至很低的司法层面，如乡镇。

　　支持这种改革的主要依据是为了在当地人口中找到解决当地问题的办法，以便充分利用当地的主动性和接近用户。通过向该部门提供贷款，这一政策受到多边银行强烈推动，在许多情况下，中央和国家政府利用这些政策减少提供这些服务的预算的财政负担。

在一些国家，有极少一些城镇已经设法提供了良好的饮用水和卫生服务。这通常局限于高收入或政治上比较重要的城镇，它们设法创建了由相对稳定、专业和非政治化的董事会管理的自治公司。然而，总体来说，城市化并没有导致提供更有效的服务，并且在许多情况下，已经导致小型、低效、政治化的服务提供商无力收回成本，维持优质服务的技术困难并在财务上限制了服务或环境改善的可持续性。根据该地区的经验所确定的主要问题如下：

（1）规模经济损失。饮用水和卫生行业的特点是存在显著的规模经济。区域和国际经验都表明，规模经济存在于十万到近百万居民的城镇，或每年管网容量达到 7000 万 m³ 的城镇。随着人口数量或管网容量的增加，规模不经济开始出现，但在更大规模的服务提供商（超过 400 万居民）中也出现了规模经济持续增长的情况。一般来说，规模经济和持续规模经济占主导地位。通过合并或整合中小型服务提供商，以较小的代价节省成本，从而扩大规模。需要指出的是，这些估计值并不能正确地反映提供这些服务的所有规模经济，因为该地区和世界其他地区许多公司的行为，特别是完全私有化的服务，令人难以信服这些数据。例如，技术要求（排水与厕所）、服务质量、获取水资源、成本回收水平或监管要求（处理提供的水）通常引起大型提供商较高的成本。这些因素往往导致不对称的影响，使人们误以为小公司的成本较低，从而导致规模经济被低估。

（2）部门产业结构与行使监管职能的管辖级别不一致。产业结构过于分散致使监管活动更加困难。假设一个由数百家且跨国的供应商组成的供应商群体能够得到有效的监管或控制是不可行的。

（3）减少交叉补贴的可能性。通过减小提供服务地区的规模，或者通过使其在社会经济方面更加统一，分权限制了应用交叉补贴（其他更有利可图的融资服务与亏损的融资服务）的可能性，使得低收入人口获得服务更加困难。

（4）以政治标准而不是技术标准提供服务。市政工作涉及服务提供者与地方政府之间的密切关系，这在很多情况下导致了严重的技术性决策政治化和滥用公共资源的情况。此外，大多数市政当局缺乏必要的资源，以有效地处理提供服务所固有的过程，并依赖其他政府级别的资金。

（5）忽视农村地区。由于地方层面的政治动态，市政府更倾向于把城市人口的需要放在更高的位置，这不利于农村社区。

（6）从一定的地理位置上看，缺乏激励措施来保护水源、控制水污染、适应供应源的变化和气候的变化。由于城市政治/行政界限通常是重叠的，并且流域的自然界限不一致、不鼓励内部化或与保护水源相关的外部性，导致其实际上变得更加复杂。从其中取水供应给一个城镇的水源往往位于另一个镇的管辖区域。同样地，取水和排放水之间的协调在市政层面上也是有意义的。事实上，在人口稠密的盆地，一个城镇的供排水区域常常位于其他城镇的取水上游。另一个重要的方面是小型提供商通常依靠单一供应源，其更易受气候变化的影响。

人们认识到，上述问题不仅是刚性选择的问题，更重要的是要根据技术考虑、资源的可用性、管理能力和客观标准构建平衡系统、适应国情（在适当的管理水平赋予法律和政治属性时），以允许最大限度地利用规模经济并降低交易成本。继续实行高度分散的结构意味着必须取消以较低的水价、更好的质量和更可持续的服务将规模经济利益转让给消费者的做法，这一点已在国际经验中得到广泛证明。

6.4.1 全球化的影响

拉丁美洲和加勒比国家签署了许多保护外国投资的协议。国际仲裁法院的决定倾向于为了公共利益和地方社区的利益而限制政府的行事权利。这显然与监管公用事业服务有关。同时，在这类协议中捍卫投资者的一些神圣权利实际上损害了国家的监管职能。这里有三个因素：

（1）投资纠纷一般涉及与公共利益相关的事宜。然而，仲裁员的任务是保护外国投资者。因此，与公共利益和公用事业服务相关的事宜就从其任务中删除了。

（2）仲裁投资法院只能应投资者的请求召开会议，这会损害其公正性和正当程序。例如，这些决定是以秘密程序做出的，没有强制性的判例或传统的上诉。仲裁员根据其被指派的案件得到报酬，他们可以同时担任法官和律师，从而导致潜在的利益冲突。他们还倾向于对什么是征用和违反正当程序采取广泛的解释。

（3）国际投资法院的判例有许多违反了各国的一般法律原则，这些法律适用于饮用水和卫生服务经济监管方面的冲突。

这些违规行为常见于以下主题：

（1）面对经济危机对公共服务的影响所采取的措施。除了少数例外，仲裁判例倾向于忽视国家法院采取的标准，国家法院在危机时期不愿意提高水价、暂停付款、修改利率和暂停执行。

（2）管理私人投资者提供公共服务活动的共同法律原则，如效率、尽职调查、透明度和合理行为，尽管国际仲裁法院在比较立法中具有不可否认的相关性，但这些原则几乎被国际仲裁法院忽视。

（3）根据公共利益进行的监管，仲裁法院通常将其与征收同化，但实际上却忽略了各国有关这一问题的所有法律一般原则。

因此，在"国际投资协议、基础设施投资的可持续性、监管和合同措施"研讨会上（2009年1月14日至16日，秘鲁利马），提出了以下项目：

（1）各国不应签署不包含公共利益保护条款和不主张国家监管事务法律一般原则的国际投资协定。

（2）外国投资者的权利被添加到他们的相关职责中，例如效率、尽职调查、诚信、透明度和尊重东道国的公共利益及其法律规则。

（3）实施投资仲裁制度改革，以纠正投资仲裁制度固有的程序性功能失调，包括责任缺失、公开参与不足、仲裁法不统一、仲裁员缺乏独立性等。

（4）在保护公共利益、公共服务和经济危机管理方面，比较立法中制定的共同监管原则，具体包括在适用的投资仲裁法中。投资保护协定产生了一个法律体系，通过该体系，国际机构忽视了国家法律适用的原则，这些原则与主体本身无关，也不符合各国在相同情况下适用的法律。

（5）在接受公共服务由国际私人投资之前，各国应根据效率、诚信、法律面前人人平等、尽职调查和透明度的基本原则制定和实施监管框架。

（6）要向投资者明确，外国投资促进机构之前的程序并不能免除他们在主管部门机构面前履行的所有义务，也不能成为忽视国家立法和条例的借口。

（7）在公共服务、水资源和环境方面，投资机构不得在有关部门机构的具体协议下授权。

6.5　结论

根据过去二十年的经验，我们了解到在提供饮用水和卫生服务方面有一些基本原则，其中提到了以下几点：

（1）饮用水和卫生服务对公共卫生、福利、社会平等、克服贫困、社会经济发展、环境保护和政治稳定都有很大的帮助。因此，政府在公共政策中应优先考虑这一部门是无可争议的，特别是在分配预算和建设稳固的部门机构时，即使在危机时期也不应例外。

（2）效率降低成本，从而带来更好的使用机会。最常见的效率低下有转让价格、过度负债、腐败、冗余劳动力、交易成本、规模经济的损失和范围，以及利益集团的取获。通过人为地增加成本，效率低下损害了平等。因此，效率和平等不是相互矛盾的标准，而是互补的。

（3）权力下放和城市化不利于规模经济，这造成交易成本增加，调控活动变得更加困难，从而影响效率和平等。同时，有关该行业规模经济的证据是确凿的。因此，经济监管必须根据客观标准来促进和鼓励推进合并进程。

（4）一般来说，没有证据证明偏好公有制或私有制更合理。因此，应根据当地条件和既定目标，对其优劣进行逐案评估。

（5）无论公司是公有制的还是混合制的，都不能消除合同事项、转让价格、加薪、冗余劳动力或超额收费中潜在的利益冲突；唯一可改变的是从中受益的各方。

（6）各国政府应根据公平和合理的盈利原则，考虑有用和可用的投资、诚信、尽职调查、效率义务和将效率收益转移给消费者，对公有制、私有制和混合制服务提供商实施适当的法规。

（7）就上市公司而言，监管框架必须以客观的、个人的责任而非制度的责任作为补充；包括对整个指挥、管理链和直接责任方实施联合的刑事、行政和民事制裁，以提供经济高效的服务，即以最低的成本为消费者寻求可持续的替代品；为获得原材料和产品生产的竞争力；以及提供信息时的透明度。刑事责任必须归咎于个人，因为国家通过混合制或公有制公司对个人的行为进行对冲是荒谬的。

根据合理的经济、社会和环境指导方针，以可持续的方式为全体人民提供优质服务，需要对公共决策做出适当的评估，重点是系统地运用经济效益的概念；适当考虑国家宏观经济现实，以及经济、社会和环境目标的严格的时间尺度。

（8）人为的保障和保护增加了效率低下和失败的风险，因为他们提供了不可持续的安全，并减少了做出有效决策的激励。因此，改进决策过程是不可或缺的。各国应批判性地分析其扩张备选方案（在融资方法、技术、服务方法、公共担保等方面），并对其进行结构调整，使其不会成为经济和公民的负担，最终成为阻碍增长的倒退因素。

（9）如果国民经济无法通过薪金和税收为服务提供融资，私人投资者将自己贡献的额外经济资源作为沉没成本，则服务将永远无法持续。私有化不能奇迹般地将无利可图的服务变成有利可图的服务。

(10) 在这个部门，效率从根本上取决于周围的监管框架、制度和结构条件。因此，"政府对改革效益的平等分配的重视体现在监管主体的专业性上"。

本章参考文献

［1］ CEPAL（1992）．La administración de los recursos hídricos en América Latina y el Caribe，LC/G. 1694，Santiago de Chile.

［2］ CEPAL（1998a）．Progresos realizados en la privatización de los servicios de utilidad pública relacionados con el agua：reseña por países de Sudamérica，LC/R. 1697/Add. 1，Santiago de Chile.

［3］ CEPAL（1998b）．Progresos realizados en la privatización de los servicios de utilidad pública relacionados con el agua：reseña por países de México，América Central y el Caribe，LC/R. 1697，Santiago de Chile.

［4］ CEPAL（1999）．Tendencias actuales de la gestión del agua en América Latina y el Caribe（avances en la implementación de las recomendaciones contenidas en el capítulo 18 del Programa 21），LC/L. 1180，Santiago de Chile.

［5］ CEPAL（2000）．Equidad，desarrollo y ciudadanía，LC/G. 2071/Rev. 1-P，Santiago de Chile.

［6］ CEPAL（Comisión Económica para América Latina y el Caribe）（2005）．Objetivos de Desarrollo del Milenio：una mirada desde América Latina y el Caribe，LC/G. 2331，Santiago de Chile.

［7］ Chisari O.，Estache A. and Romero C.（1997）．Winners and Losers from Utility Privatization in Argentina：Lessons from a General Equilibrium Model. Banco Mundial，Washington DC.

［8］ Ducci J.（2007）．Salida de operadores privados internacionales de agua en América Latina. Banco Interamericano de Desarrollo（BID），Washington DC.

［9］ Ducci J. and Krause M.（2012）．Nota sobre regulación de empresas de servicios de agua y saneamiento de propiedad del Estado，mimeo. Banco Interamericano de Desarrollo（BID）.

［10］ Dupré E. and Lentini E.（2000）．Experiencia en América Latina. In：Privatización del sector sanitario chileno：análisis de un proceso inconcluso，S. Oxman and P. Oxer（comps.），Ediciones Cesoc，Santiago de Chile.

［11］ Estache A.，Guasch J. -L. and Trujillo L.（2003）．Price Caps，Efficiency Payoffs and Infrastructure Contract Renegotiation in Latin America. Banco Mundial，Washington DC.

［12］ Fernández D.（2009）．Sustentabilidad financiera y responsabilidad social de los servicios de agua potable y saneamiento en América Latina. In：Contabilidad regulatoria，sustentabilidad financiera y gestión mancomunada：temas relevantes en servicios de agua y saneamiento，D. Fernández A. Jouravlev E. Lentini andÁ. Yurquina（comps.），Comisión Económica para América Latina y elCaribe（CEPAL），LC/L. 3098-P，Santiago de Chile.

［13］ Ferro G. and Lentini E. （2010）．Economías de escala en los servicios de agua potable y alcantarillado，Comisión Económica para América Latina y el Caribe（CEPAL），LC/W. 369，Santiago de Chile.

［14］ Ferro G.，Lentini E. and Romero C. A.（2011）．Eficiencia y su medición en prestadores de servicios de agua potable y alcantarillado，Comisión Económica para América Latina y el Caribe（CEPAL），LC/W. 385，Santiago de Chile.

［15］ Foster V.（2001）．Regulación del sector agua en la América Latina，Primer Encuentro de Entes Reguladores de las Américas（16 al 19 de octubre，Cartagena de Indias，Colombia）.

［16］ Hantke-Domas M.（2011）. Control de precios de transferencia en la industria de agua potable y al-cantarillado，Comisión Económica para América Latina y el Caribe（CEPAL），LC/W. 377，San-tiago de Chile.

［17］ Hantke-Domas M. and Jouravlev A.（2011）. Lineamientos de política pública para el sector de agua potable y saneamiento，Comisión Económica para América Latina y el Caribe（CEPAL），LC/W. 400，Santiago de Chile.

［18］ Jouravlev A.（2003）. Acceso a la información：una tarea pendiente para la regulación latinoamerica-na，Comisión Económica para América Latina y el Caribe（CEPAL），LC/L. 1954-P，Santiago de Chile.

［19］ Jouravlev A.（2004）. Los servicios de agua potable y saneamiento en el umbral del siglo XXI，Comisión Económica para América Latina y el Caribe（CEPAL），LC/L. 2169-P，Santiago de Chile.

［20］ Jouravlev A. and Hantke-Domas M.（2010）. Acuerdos internacionales de inversión，sustentabilidad de inversiones de infraestructura y medidas regulatorias y contractuales，Comisión Económica para América Latina y el Caribe（CEPAL），LC/W. 325，Santiago de Chile.

［21］ Jouravlev A. and Solanes M.（2009）. Las lecciones aprendidas en dos décadas de reformas sectori-ales. Recursos，Agua y Ambiente，3（4）.

［22］ Laffont J. J.（1994）. The new economics of regulation ten years after. Econometrica，62（3）.

［23］ Lentini E.（2009）. La contabilidad regulatoria de los servicios de agua potable y alcantarillado：la experiencia en elÁrea Metropolitana de Buenos Aires，Argentina. In：Contabilidad eregulatoria，sustentabilidad financiera y gestión mancomunada：temas relevantes en servicios de agua y saneamien-to，D. Fernández A. Jouravlev E. LentiniandÁ. Yurquina（comps.），Comisión Económica para América Latina y el Caribe（CEPAL），LC/L. 3098-P，Santiago de Chile.

［24］ Lentini E. and Ferro G.（2014）. Políticas tarifarias y regulatorias en el marco de los Objetivos de Desarrollo del Milenio y el derecho humano al agua y al saneamiento，Comisión Económica para América Latina y el Caribe（CEPAL），LC/L. 3790，Santiago de Chile.

［25］ Peña H. and Solanes M.（2003）. La Gobernabilidad efectiva del agua en las Américas，un tema crítico，Ⅲ Foro Mundial del Agua（16 al 23 de marzo de 2003，Kioto，Japón）.

［26］ Rodríguez J.（2002）. Contabilidad regulatoria. Aplicación en el sector sanitario chileno，Superin-tendencia de Servicios Sanitarios（SISS），Santiago de Chile.

［27］ Solanes M.（1999）. Servicios públicos y regulación. Consecuencias legales de las fallas de mercado，Comisión Económica para América Latina y el Caribe（CEPAL），LC/L. 1252-P，Santiago de Chile.

［28］ Solanes M.（2002）. América Latina：Sin regulación ni competencia? Impactos sobre gobernabilidad del agua y sus servicios，mimeo，Comisión Económica para América Latina y el Caribe（CEPAL），Santiago de Chile.

［29］ Solanes M.（2007）. Formulación de nuevos marcos regulatorios para los servicios de agua potable y saneamiento，Carta Circular de la Red de Cooperación en la Gestión Integral de Recursos Hídricos para el Desarrollo Sustentable en América Latina y el Caribe，N° 26，Comisión Económica para América Latina y el Caribe（CEPAL），Santiago de Chile.

［30］ Jean-François V.（2010）. Experiencias relevantes de marcos institucionales y contratos en agua po-table y alcantarillado，Comisión Económica para América Latina y el Caribe（CEPAL），LC/W. 341，Santiago de Chile.

第7章 德国自组织水务部门的经验——替代监管的关键性因素

7.1 引言

在德国，供排水部门为客户提供高性能、高品质和高可靠性的服务。而且，系统的技术条件以及环境和卫生标准都处于高水平，具有水质好和供排水（水质、地点、时间）可靠的特点。它面临的最大挑战是如何利用有限的资源维持高品质的服务水平。因此，业内人士之间的讨论越来越集中在经济绩效上。本章的目的是说明在一个主要基于自我组织的部门结构下，德国能够面对多大程度的挑战。

7.2 一般特征

与其他许多欧洲国家相比，德国水资源丰富。除了许多天然湖泊、河流和丰富的地下水资源外，还有许多人工湖和水库。公共供排水量仅占可利用水资源量的2.7%，可见水资源储备量之大。并且气候变化带来的影响可能不大。但仍有必要对水务部门进行长期的规划和投资，并对气候变化进行预测，以应对气候变化带来的影响。除了四季降雨外，德国气温舒适，天气变化频繁。德国气象预报预测，未来降雨量充足，而且基于不同气候情景的气温预报都表明气温将升高。概括来说，"德国全境的年平均气温将升高，从而导致夏季更加炎热干燥，冬季更加温暖湿润"。

除了气候变化，德国也将受到人口变化的影响。2008年德国人口约为8200万人，预计到2030年人口将减少约460万人。特别是对于供排水这样具有刚性资产和生产能力的行业而言，消费者数量的大幅度下降是值得警惕的。此外，由于人口老龄化所导致的废水中药物残留使得废水处理越来越具有挑战性。

7.3 法律框架

德国供排水的主要法律依据是2009年的《水资源法》。该法对包括地表水、地下水和海水在内的所有水资源的管理提出了要求。此外，《水资源法》还包括了防洪、水体开发、水监管和罚款方面的规定，并且还涉及与供排水相关的具体监管规定，其中最重要的内容在下文中介绍。

污水处理应确保达到不损害公共利益的水平。此外，根据国家法律要求，公法实体需要负责污水处理工作，但是允许责任单位将污水处理义务转让给第三方。任何经营污水处理系统的单位都需要保证污水处理的状态、运行能力和安全。此外，服务提供商还需自行监测运行情况以及污水的类型和容量。服务提供商有义务记录和保存相关信息，如有要求，需向主管部门提供资料。自 2009 年以来，供排水正式成为了关乎人们普遍利益的服务行业，这点显示了其重要性和必要性。全国人民依赖于充足的供排水，因此，水务公司必须按《水资源法》的要求，谨慎地对水资源进行管理，并向终端消费者宣传节约用水。此外，一般情况下应该就近取水，向本地用户供排水，这样在全国范围内实行节约水资源时不会对地区供排水造成太大的影响。

根据《欧盟饮用水指令》（参见欧盟理事会，1998 年），德国饮用水法规对所提供的饮用水的卫生情况进行了监管。地方卫生局负责水质监管，并上报给德国中央政府和欧盟委员会。在饮用水水质不合格的情况下，地方卫生局将采取行动。可以处以罚款，甚至可以安排中断供排水。类似地，根据《欧洲污水指令》（见欧洲共同体委员会，1991 年），所有有关污水的要求都被纳入了污水法规。

除了环境和卫生监管，供排水服务也要满足结构需求。在《基本法》的第 28 条中规定，政府有权对当地的一切事物进行监管，但是必须考虑到现行法律。尽管供排水服务为公共服务的一部分，但这并不意味着必须由政府直接管理。除非国家法律禁止，否则政府可以将该任务转交给第三方、私营单位或其他政府部门。此外，有关组织问题方面的监管由各州根据国家水法制定。

供排水领域的主要组织有：联邦能源和水协会（BDEW）、德国饮用水部门的天然气和水协会（DVGW）以及德国污水部门的供排水和生活垃圾协会（DWA）。一般来说 BDEW 侧重于政治和经济方面的问题，而 DVGW 和 DWA 更关注于各自部门在技术和组织上的挑战。此外，DVGW 和 DWA 还是相关技术指南的颁发机构，其集中了行业专家的贡献，并在公开的参与过程中进行确认，从而形成技术方针。

德国的水行业不存在一般的监管机构，所以它实际上是一种技术自我监管。"法律框架规定了供排水服务的质量、安全性、可持续性和经济效益的基本要求，但是，水务部门自身通过技术规则和标准的制定为法律框架注入了生命"。不过，诸如水价这样的经济方面的事宜是事后监管的，以避免垄断的嫌疑。各个监管机构可以根据组织形式采取行动，这在"经济挑战"一节中进行详述。

7.4　规模和结构

通过与其他协会和利益相关者合作，联邦能源和水协会（BDEW）经常发行《德国水务部门概况》。该书涵盖了水务部门大量的统计数据和详细信息。本节将对德国水务市场的规模和结构进行介绍。2011 年德国的供排水量约为 49.68 亿 m^3，其中 61.1% 的水来自地下水，30.5% 来自地表水，而泉水仅占 8.4%。因此，地下水再生是德国面临的问题。与 1990 年相比，供排水总量减少了 27%，约为 18 亿 m^3。

德国共由 6211 家公司向 99% 的德国人口供应饮用水，管网长度约为 53 万 km。除了面临人口减少的挑战外，现有人口的人均用水量也在减少，而之前预测的人均用水量将呈上升趋势。德国人均用水量的变化趋势见图 7-1。目前每人每天的用水量约为 122L，使得许多地区的供排水管网未得到充分利用，这可能会带来卫生方面的问题。

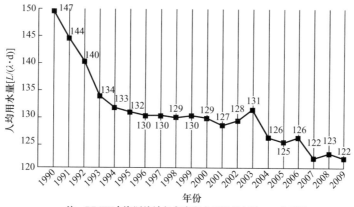

注：BDEW水资源统计与家庭和小型贸易有关。p=临时的。

图 7-1 德国人均用水量的变化趋势

资料来源：BDEW 等，2011 年，第 39 页。

德国的自来水供应可靠性高。与其他欧洲国家相比，德国具有高技术标准和优良的处理厂和管网条件，因此长期频繁的供排水中断情况不会在德国发生。截至目前，德国的漏损水量最低。德国的平均漏损率约为 6.5％，而且在过去的十年中，主要管道的漏损得到了进一步的降低。在 1997—2004 年间，平均每 100km 管道内会发生 11.7 处漏损，而在 2005—2009 年间，管道漏损降低到了每 100km 9.9 处。不过，德国不同州的标杆管理项目的管道更新率从 0.4％到 1.2％不等。管道更新率对于管网的可持续性使用非常重要。达到良好的技术和质量标准很重要，但同时也需要确保管网未来的可用性。这一点对于污水管网也适用。

德国目前的污水管网连接率达 96.1％。95％的人口按欧盟的最高技术标准与污水处理厂相连。污水管道长度约为 187264km；雨水管道长度约为 114373km；合流管道长度约为 239086km。令人震惊的是，大约 70％的下水管道的管龄小于 50 年。不过部分主要系统的管龄要大些。为了确保可持续性的维护，需要持续的投资。

鉴于德国的法律框架，各地政府可以选择独立或与第三方合作完成与公众利益相关的项目。在协作模式中，允许存在不同的配置。公共管理模式可分为私法形式和公法形式。

公共组织形式主要有：

（1）附加市政公用事业；

（2）业主经营的市政公用事业；

（3）公法机构；

（4）特定目标协会；

（5）水和土壤协会。

市政公用事业完全为政府所有。它在法律上和组织上是非独立的，没有进行单独核算，因此盈余将分配给一般基金。业主经营的市政公用事业也依赖于法律，但在组织上和财务上独立于政府，因此盈亏独立核算。根据公法，将供排水组织作为一个机构，提供了与共同体之间的最大独立性——在组织上、财务上和法律上的独立。可以通过不同的协会形式进行实际合作。

此外，从公私合营企业到自主私营企业，德国的水务市场存在着不同的私营模式。尤其是，特许权在公私合营中发挥着重要作用。"竞争"一节对此作了进一步的讨论。下文将讨论饮用水和污水部门的所有制结构及其发展。

如上所述，在德国共有 6211 家公司负责饮用水供应。联邦能源和水协会（BDEW）等对其中的 1218 家公司的具体特点进行了调查，这些公司的占供排水量占供排水总量的 75%，这确保了分析结果能代表德国水务市场。结果显示，1993 年尽管政府所属公司的数量大于私营公司，但二者的供排水量几乎相等（见图 7-2），这显示了私营公司主要向人口稠密的地区提供排水服务。1993 年和 2008 年的对比结果显示了大部分或全部由公共实体所有的企业有向私企模式发展的倾向。

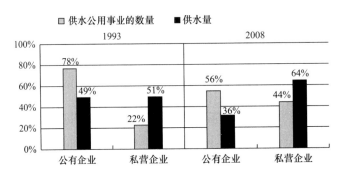

图 7-2 公共供排水企业类型的发展（基于公法或私法）

资料来源：BDEW 等，2011 年，第 34 页。

在德国水务市场中，不同所有权结构的公司在供排水总量中所占的比例如图 7-3 所示。公私合营公司占比最高为 26%，其次为特定目标协会（17%）和其他基于私法的公用事业（16%）。附加市政公用事业的供排水量仅占供排水总量的 1%，在饮用水行业中几乎没有发挥到作用。

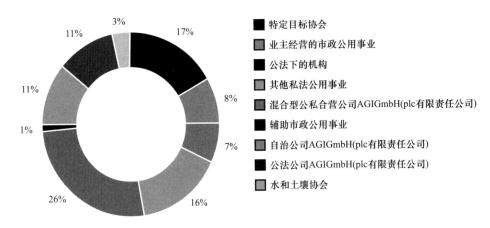

图 7-3 2008 年不同类型的公共供排水企业占比情况

资料来源：BDEW 等，2011 年，第 35 页。

除了所有权结构之外，德国水务市场的大小结构也让人产生了极大的兴趣。图 7-4 显示，不到 4% 的水务公司提供了德国供排水总量的 60%。此外，约 70% 的水务公司为年供排水量低于 50 万 m³ 的小型公司。图 7-4 中的结果和总数达 6211 家的水务公司显示了饮用水市场的多样性和分散的结构。德国最大的（终端用户）水务公司为：格林瓦塞尔（Gelsenwasser）、柏林黄蜂（Berliner Wasserbetriebe）、施塔特维克·木肯（Stadtwerke München）和汉堡瓦塞（Hambury Wasser）。

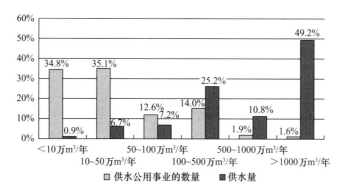

图 7-4 2007 年德国水务企业大小结构占比情况
资料来源：BDEW 等，2011 年，第 36 页。

与饮用水部门相反，几乎所有的污水公用事业都是基于公法。私营企业在污水部门仅起到次要作用。最常见的组织形式是业主经营的市政公用事业（37％），其次是政府间的协会（28％）以及公法机构（13％）。德国污水市场的规模结构与饮用水部门相似。虽然市场很分散，但在大城市污水服务由几个大型的企业负责。

7.5 竞争

法律框架促进了对当地水资源的利用，因此形成了德国分散的供排水方式。此外，由于自然垄断的原因，德国水务市场缺乏竞争。出于自然和经济方面的原因，通常仅由一家当地的水务公司主导。建设第二个或更多的供排水系统造价昂贵，在经济上不可行。此外，不存在一个适用于公共输水的法律框架。然而，即使通过适当的法律可以明确责任，公共输水方式在大多数情况下由于成本方面的原因仍会失败。一方面，技术措施必须满足化学和卫生方面安全的水混合要求；另一方面，离供排水区域较近的水务公司比离供排水区域较远的水务公司因为输水成本较低而更具有竞争优势。

政府对全部或部分供排水服务进行招标有助于加强其市场竞争。公司得到在给定的时间段内提供全部（或部分）服务的资格。此外，在大多数情况下，合同中还规定了对于客户服务水平或环境保护等方面的进一步要求。市政府可以选择报价最低的公司，这通常会增加公司在专业、效率、价格方面的竞争压力。因此，德姆塞茨（Demsetz）提出了必须考虑"最佳性价比"这一概念。在德国，特许权是第三方私营企业参与的主要方式。这些特许权合同通常影响着任务的执行，而非任务的责任。虽然最近欧洲关于授予特许权的指示增添了"……充分、平衡和灵活的法律框架……"的明确要求，但水务部门的特许权不在此要求范围内，因为"它们常常受特定的和复杂的规定所管制。鉴于水作为一种对所有公民具有根本价值的公共物品的重要性，需要对其进行特别考虑"。除特许权外，德国供排水部门还采纳了运行模式、管理模式和合作模式。

这一过程为市场创造了一种有限的竞争。但是由于合同通常是长期的,因此这种形式的竞争主要受限于投标周期。此外,如果投标的企业太少,或是最坏的情况——没有其他企业投标,这将会失去竞争性特许权的优势。供排水和卫生行业的服务非常具体,这自然限制了潜在投标企业的数量,因此在一个国家的水务市场内通常只有几家企业独大。

7.6　标杆活动的作用

除了市场竞争之外,比较竞争在德国水务市场格外受到关注。不同的标杆项目、效率分析和价格比较在德国水务行业随处可见。对现有数据和评估结果进行公布使得用户有选择的机会,同时可以促进水务公司更加有效率地运行。用户的受教育水平以及对与供排水相关的问题的敏感性是提高终端用户对绩效影响力的必要条件。

近几十年来,对标(或标杆管理)的概念在水务领域受到了广泛的关注、重视和认可。在这一发展背景下,提出了几个定义和方法。通常可以这么说,"对标是通过系统搜索和向最佳实践靠拢来提升绩效水平的工具"。这个概念的核心是通过向别的企业学习以及仔细研究公司自身的内部流程,来分析有哪些需要改进的措施,以及如何实施这些措施。基于绩效指标的对标一般包括准备和数据采集、通过比较进行绩效评估以及绩效提升。在大多数情况下,前二个阶段是在对标项目的组织者或各自的监管机构的支持下进行的,而绩效提升则是水务公司需要完成的任务。改进措施是否成功可以在下一次的对标项目中被证明。

根据其范围,对标可分为计量对标法(总量法)和过程对标法。计量对标法是运用全方位的绩效指标对类似的水务公司进行综合比较。它有助于提供全方位的信息来确定被评估水务公司的最佳和最差的方面,因此计量对标法是个比较工具,通常被监管机构或公共组织用来提升企业的绩效压力和核心竞争力。相比之下,过程对标法不太普遍,并且更侧重于具体的生产过程,因此该方法被用于寻找需要进一步关注和评估的具体生产阶段。

在德国,有许多区域性的对标项目。大多数州的水务公司都有机会参与非强制性的项目(计量对标和过程对标)。16 个州中有 11 个州还提供了一份公开报告,其中包括效率在内(通常是匿名的)的一般绩效。必须指出的是,没有提供公开报告的州中三个为城邦(city states),因此若将结果进行公布,匿名将会失去意义。一般来说,对标项目要定期进行,从而使水务公司可以看到几年来的绩效变化。

图 7-5 给出了每个州对标项目的实际参与率。尽管在德国该项目为非强制性的,许多水务公司仍会抓住此机会参与评估。不过必须指出的是,某些联邦州的参与率明显低于各州的平均参与率,尤其是考虑到参与项目的水务公司数量时。

标杆管理主要包括可靠性、质量、客户服务、可持续发展和经济等领域的绩效指标。供排水服务行业的标杆管理是以国际水协会(IWA)出版的绩效指标标准为基础,这本书由赫纳和默克尔于 2005 年以德文出版发行。为了使全国范围内的标杆管理迟早可以实现,这里讨论了所有区域的绩效指标的统一。除了区域和国家标杆管理的努力,跨国间的比较也有助于借鉴经验,并向最优秀的水务公司学习。作为跨国标杆管理的一个突出的例子是奥地利与德国巴伐利亚州之间的合作。

奥蒂林格(Otillinger)在 2011 年强调德国的标杆管理呈现出积极的不断向上的动态发展趋势。由于德国有许多正在进行的对标项目,因此选取其中两个具有代表性的项目的结果作为总结。赫纳和默克尔指出，德国 15 个饮用水公司的过程对标有助于参与部门提高过程相关成本的透明度。通过与其他公司进行对比，了解自身企业的成本比例和成本类型，可将其作为未来战略决策的起点并提高过程效率。对具体过程的考量有助于对企业进行更深入的了解，因此是对计量对标和综合对标一个很好的补充。相似的供排水条件及文化、法律和社会经济特征使得奥地利与德国巴伐利亚州之间的标杆管理比较成为可能。乌尔茨巴赫（Theuretzbacher）等人认为该项跨国间的对标项目非常成功。此外，结果显示其绩效与国际水平相当或偏高，可以将其作为进一步加强国际标杆管理合作的成功范例（表 7-1）。

水务公司参与率（以供排水量计） 表 7-1

州	水务公司参与率	公共项目报告	州	水务公司参与率	公共项目报告
柏林	100％	无	图林根	57％	有
汉堡	100％	无	萨尔	92％	有
不来梅	100％	无	黑森州	42％	有
下萨克森	88％	有	巴伐利亚	30％	有
勃兰登堡	81％	有	巴登-符腾堡州	32％	有
萨克森	77％	无	莱茵兰-普法尔茨	70％	有
萨克森-安哈尔特	63％	无	北莱茵-威斯特法伦州	86％	有
石德苏益格-荷尔斯泰因	45％	有	梅克伦堡-西波美拉尼亚	86％	有

资料来源：BDEW，2012 年，第 13 页。

7.7　经济挑战

为确保未来供排水服务的可持续性发展，进一步的投资必不可少。同样，如果德国要维持现在的服务水平，也需要进行投资。主要目的是通过持续的投资来避免计划外的高昂开销和相关物价上涨。自 1990 年德国统一以来，供排水部门的投资已达约 1100 亿欧元。供排水部门的资本支出情况如图 7-5 所示。

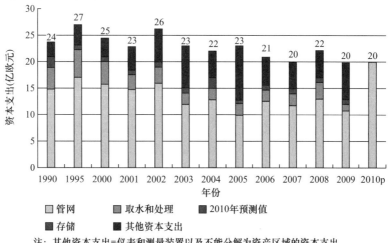

注：其他资本支出=仪表和测量装置以及不能分解为资产区域的资本支出。

图 7-5　1990—2010 年公共供排水企业不同领域的资本支出

资料来源：BDEW 等，2011 年，第 76 页。

近年来，供排水部门的资本支出稳定在 20 亿欧元左右。令人惊讶的是投资主要用于管网，而取水和维护方面的投资在减少（见图 7-5）。

如图 7-6 所示，污水部门的资本支出呈现较为不均匀的发展趋势。自 2000 年后，资本支出显著减少，这是由于用于执行《欧共体城市污水处理指令》的资本投资逐渐减少。值得注意的是，对比图 7-5 与图 7-6 可以发现污水部门的投资是供排水部门的 2 倍多。

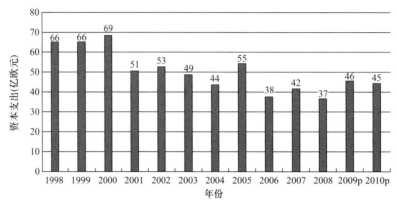

注：p=临时的。

图 7-6 1998—2010 年公共污水企业资本支出

资料来源：BDEW 等，2011 年，第 77 页。

政府补贴在德国供排水方面起的作用很小或几乎没起什么作用。更重要的问题是成本-覆盖价格结构。根据公司的法律形式，水价会受不同框架的影响。虽然公法组织形式的公司由不同州的"市政收费法案"厘定收费价格，但私法组织形式的公司的水价制定不受具体规定的制约。"然而，根据德国联邦最高法院裁决，用于计算收费的原则应与计算价格的方法相同"（BDEW 等，2011 年，第 23 页）。根据 BDEW 等，主要的义务和原则为：

（1）等价原则（比例）；

（2）成本回收原则；

（3）禁止成本超支；

（4）平等或公平待遇原则；

（5）经济原则。

虽然第一个义务是不言而喻的，但经济原则可以包括实际净资产价值保值原则或实际资本保值原则。

图 7-7 说明了对价格和收费的监督与控制。必须强调的是，私营企业的参与不会自动导致水价的上涨。决定性的因素是收费公司的法律形式。如图 7-7 所示，公法组织形式的公司可以在收费和水价之间进行选择，而私法组织形式的公司则受水价的约束。

在德国的饮用水供给部门由两部分组成的税务模式占主导地位。虽然公司的固定成本非常高，约占总成本的 80%，但在水价中其占比却很低，只占 10%～20% 左右。在用水量下降的情况下，公司的成本和收益之间的差异会导致成本覆盖原则无法实现。这意味着德国"在水务公司的消费者和供排水量都减少的情况下，基础设施的维护和更新成本却增加了"。图 7-8 说明了供排水量的减少对总成本和具体成本的影响。

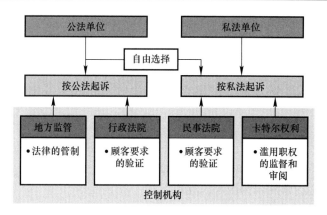

图 7-7 收费和水价的控制

资料来源：BDEW 等，2011 年，第 24 页。

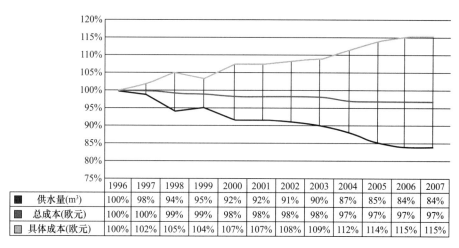

	1996	1997	1998	1999	2000	2001	2002	2003	2004	2005	2006	2007
■ 供水量(m³)	100%	98%	94%	95%	92%	92%	91%	90%	87%	85%	84%	84%
■ 总成本(欧元)	100%	100%	99%	99%	98%	98%	98%	98%	97%	97%	97%	97%
■ 具体成本(欧元)	100%	102%	105%	104%	107%	107%	108%	109%	112%	114%	115%	115%

图 7-8 供排水量的减少对总成本和具体成本的影响

资料来源：BDEW 等，2011 年，第 43 页。

令人惊讶的是，随着用水量的减少，具体成本显著增加。因此，目前德国在调整水价议题上存在着很大的争议。水价调整一方面要确保成本回收的可持续性；另一方面，不同用户之间要符合平等原则。否则，用水量大的用户将为用水量小的用户支付固定成本。

目前全国各地的水价有很大的差异；根据观察，各地之间水价差异最大可达 6 倍之多。这种情况引发了人们对于水价公平性的质疑。虽然对价格进行比较不明显，但是因为各地区背景不同，成本结构也不同，黑森州的卡特尔当局已经要求一个水务公司在 2007 年前降低水价。2010 年联邦法院证实了这一判决。但为了规避这一判决，该家私法公司决定在未来转换为以公法运行。这个案例为民众以及水务部门之间的讨论提供了基础。尤其是，虽然目前水协会正在采取行动制定价格计算指南，但关于计算法律上认可的水价问题仍未得到明确解决。

饮用水价格包括 7%（正常 19%）的增值税减免，以及根据州法律规定的取水税。取水税为 0～31 分/m³。此外，对于取水税所得收入的用处，各州之间并不统一。在 2005—2013 年间，用水体积约增加了 8%，而同期的基本收费则增加了约 19%。2010 年居民平均水价为 1.91 欧元/m³，这已经包括了固定价格部分。考虑到目前的日用水量约为 122L，这意味着人均年平均缴纳水费约为 85 欧元。

　　污水服务的税收差异更大。"公共污水处理公用事业作为主权企业，免征企业所得税和营业税。如果负责处理污水的公用事业雇用私营的第三方来处理，则后者将被征收全额的营业税税率，并有可能享有进项税额抵扣"（BDEW 等，2011 年，第 29 页）。与取水税类似，公用事业必须向各自所在的州支付污水排放税，这些额外的成本直接转移给终端消费者。2008 年的污水排放税收入达 2 亿 5405 万欧元。2005 年平均每立方米污水处理费（根据淡水规模）约为 2.28 欧元。此外，许多公用事业按规模划分为雨水和废水。在这种情况下，估计 2005 年的废水处理费为 2.05 欧元，雨水处理费为 0.88 欧元。因此，在德国，废水的平均收费通常高于饮用水的收费。

　　虽然水费及其分流后的监管越来越成为公众和卡特尔当局关注的焦点，但有待指出的是，人们通常可以负担得起水价，水费在整体家庭预算中并不占大头。

7.8　德国的经验教训——没有监管机构的优秀供排水服务？

　　市政供排水服务的绩效是按向市民提供的服务来评估的。一般来说，优秀的供排水服务的标准是：（1）水质（饮用水和污水）；（2）服务质量（供排水和污水处理的可靠性）；（3）服务在财务和技术方面的可持续性；（4）承担所提供服务成本的能力。

　　水和污水的水质标准是由欧洲和国家立法制定的，由德国政府进行监管和控制。对于服务质量和技术可持续性，德国水务部门成功的关键因素是制定技术准则这一自我组织过程。主要由 DVGW 和 DWA 发布技术准则，在这些技术准则中，水务部门自身设置技术和组织方面优秀的服务标准。以供排水为例，《德国饮用水指令》将按现行技术标准运行的技术准则纳入一般条款中。标准明确规定了优秀的供排水服务的相关内容：连续性、最低水压、过程选择、材料要求、禁止不当安装、测试程序等。当服务发生故障时，供排水企业（责任工程公司、供应商、承包商等）必须证明它们是按照标准运行的或者解释与标准产生偏差的原因。这种自律制度相当有效，水务公司和政府广泛接受该制度，并将这种最佳（自我）监管力量引入到最需要的地方。主要的缺点是，这种民主制定准则的过程通常需要时间，而且必须在此过程中强制执行成本效益的标准。

　　这些准则在所有规模的公用事业中有效实施自然会是一个问题，而且特别小的供排水企业是否具有足够的人力、知识和经济手段来按照准则实施适当的管理和运作尚存疑问。政府会定期视察准则的执行情况，这非常有效，但是在个别情况下仍可能会失效。

　　此外，还建立了地方政府一级实施的所有供排水服务的经济监督体系，以及国家政府一级的控制体系。该套监管系统可确保市政供排水服务在技术和经济方面的可持续发展。在一般情况下显然是如此，但仍存在一些成本覆盖率和更新水平不足的情况。

　　如前所述，全国各地水价不同本身不是问题。一些地方供排水需要更复杂的基础设施，从而成本也更高。从市民的角度看，这些情况并不总是显而易见的，因此公开辩论的情况经常会出现。对供排水服务的税务或价格监管，像其他公共服务的监管一样，也是由政府承担。市民有权要求控制水价，近年来，几个联邦州的政府机构已经主动利用绩效评估中公用事业单位的数据，对定价进行了正式的管理。因此，虽然没有直接的经济监管，但政府机构设有监督职能，这能有效避免水务公司垄断权力的滥用，从而保护消费者的权益。

7.9 结论

前文所述的德国水务部门的挑战、组织机构和技术水平对其自组织形成了不同的意见和看法。博西切克（Boscheck）强调自我监管模式的拥护者们看到了，反映市政辅助性的个人公共责任制度的良好状况；而反对者则批评，与该模式相关的高度分散性的模式会导致运行和投资效率低。

衡量某个系统或组织设计是否成功不是一件容易的事。一方面，与另一个具有相同特点、面临着同样挑战的水务部门结构进行直接比较是不可能的。另一方面，必须确定适当的绩效指标，从而才能得出企业是否成功的结论。一般来说，如果现在达到了技术要求（与管网的连接、供排水的可靠性等）和水质标准，并且这种结构框架确保了企业在将来也可以达到这些目标，那么可以认为水务部门正在运行。

如本章所述，目前德国水务部门的特点是技术条件好和饮用水水质好。即使由于各地情况不同，水价有差异，但都在消费者可承担的范围之内。此外，德国水务公司声誉非常好，约91%的用户对本地的供排水企业的服务感到满意，约77%的用户对污水公司感到满意。不过必须指出的是，许多（约65%）德国人并不清楚自己实际的用水量或具体缴纳的年度水费。一方面，这表明了人们可以负担得起饮用水价格，因为消费者不关注消耗的水量和成本；另一方面，则显示了供排水服务大多数时候被认为是理所当然的。更高的透明度和信息水平可以帮助消费者了解到企业的绩效水平和面临的挑战，特别是如果人口数量的持续减少使得必须对水价做出调整时，将很有必要让消费者参与其中。此外，明确水价制定要求，（经济上）恰当地和（法律上）正确地对水价和水费进行计算将有助于避免水务公司的不确定性，减少公众的质疑。

对于德国来说，需要进一步加强比较竞争，因为相互之间进行比较是一种不受监管机构和法律框架制约的竞争。此外，有必要讨论制定更高程度竞争的义务和行业标准，这将有助于扩大样本，提高全国的可比性，为利益相关者和消费者提供更高的透明度。此外，跨国的对标项目有助于扩展视野，避免项目停滞，也适用于过程对标项目。

应该指出的是，长期自我管理的传统似乎是缺乏监管的德国水务部门正常运行的先决条件。总而言之，德国自组织的水务市场模式在德国特定背景环境下运行良好，面对未来的挑战也有望继续保持良好的运行状态。尽管如此，仍需做出进一步的努力和发展，尤其需要利益相关者开放思想，这样可以为水务市场提供新的选择和措施，从而保持水务市场目前的良好水平。

本章参考文献

[1] Abwasserverordnung（1997）. Verordnung über Anforderungenan das Einleiten von Abwasser in Gewässer（Abwasserverordnung-AbwV）from 21st March 1997，last update 2nd May 2013（BGBl. I S. 973）.

[2] Alegre H.，Hirner W.，Melo J. B. and Parena R.（2000）. 1st edn，Performance Indicators for Wa-

ter Supply Services. IWA Publishing, London. 146p.

[3] BDEW-Bundesverband der Energie-und Wasserwirtschaft (2010). Eckpunkte einer Wasserentgeltkalkulation in der Wasserwirtschaft. https://www. bdew. de/internet. nsf/res/1996251221D35BF5C12578A40044E677/ $ file/100617_Eckpunktepapier_Praxisbeispiel_HP. pdf (accessed 3 April 2014).

[4] BDEW-Bundesverband der Energie-und Wasserwirtschaft (2011). Wasserfakten imüberblick.

[5] BDEW-Bundesverband der Energie-und Wasserwirtschaft et al. (2011). Profile of the German Water Sector-2011. http://www. bdew. de/internet. nsf/id/9F6D4ED10B7 4BCAEC12579570033822C/ $ file/111129_Profile_german_water_2011_long_. pdf (accessed 23 March 2014).

[6] BDEW-Bundesverband der Energie-und Wasserwirtschaft (2012). Benchmarking: "Learning from the best" -Comparison of performance indicators in the German water sector. http://www. bdew. de/internet. nsf/id/86735E87EB0C1177C12579EB 004E1B9F/ $ file/120301_BDEW_Wasser_Benchmarking_Broschuere_engl. pdf (accessed 23 March 2014).

[7] BDEW-Bundesverband der Energie-und Wasserwirtschaft; VKU-Verband kommunaler Unternehmen (2012). Leitfaden zur Wasserpreiskalkulation-Gutachten Kalkulation von Trinkwasserpreisen.

[8] BDEW-Bundesverband der Energie-und Wasserwirtschaft (2013). Wasserfakten imüberblick. http:// www. bdew. de/internet. nsf/id/C125783000558C9FC125766C0003 CBAF/ $ file/Wasserfakten% 20-%20%C3%96ffentlicher%20Bereich%20August%202013. pdf (accessed 23 March 2014).

[9] Berg S. (2010). Water Utility Benchmarking-Measurement, Methodologies and Performance Incentives. IWA Publishing, London.

[10] BGW/DWA-Bundesverband der deutschen Gas-und Wasserwirtschaft/Deutschen Vereinigung für Wasserwirtschaft, Abwasser und Abfall (2008). Wirtschaftsdaten der Abwasserentsorgung. http://www. bdew. de/internet. nsf/id/DE_Wirtschaftsdaten_ der_Abwasserentsorgung_2005/ $ file/Wirtschaftsdaten-Abwasser%202005. pdf (accessed 23 March 2014).

[11] Boscheck R. (2002). European water infrastructures: regulatory flux void of reference? -The cases of Germany, France, and England and Wales. Intereconomics, 37 (3), 138-149.

[12] Bundesministerium für Gesundheit (2011). Bericht über die Qualität von Wasser für den menschlichen Gebrauch (Trinkwasser) in Deutschland, Berlin.

[13] Cabrera Jr. E. (2008). Benchmarking in the water industry: a mature practice? Water Utility Management International, 3 (2), 5-7.

[14] Cabrera E. , Dane P. , Haskins S. and Theuretzbacher-Fritz H. (2011). Benchmarking Water Services-Guiding Water Utilities to Excellence. IWA Publishing, London.

[15] Carvalho P. , Marques R. C. and Berg S. (2012). A meta-regression analysis of benchmarking studies on water utilities market structure. Utilities Policy, 21, 40-49.

[16] Cronauge U. (2003). Kommunale Unternehmen: Eigenbetrieb-Kapitalgesellschaften-Zweckverbände. Erich Schmidt Verlag, Berlin.

[17] Daiber H. (2010). Die Entscheidung des Bundesgerichtshofes vom 2. Februar 2010, "Wasserpreise Wetzlar" -neuere Entwicklungen des Wasserkartellrechts. gwf-Wasser Abwasser, 151 (3), 226-235.

[18] Deutscher Wetterdienst (2014a). German Climate Atlas-Air Temperature. http://www. dwd. de/bvbw/appmanager/bvbw/dwdwwwDesktop? _ nfpb = true&_ windowLabel = dwdwww _ main _ book&T179400190621308654542636gsbDocumentPath = &switchLang = en&_ pageLabel = P28800190621308654463391 (accessed 23 March 2014).

[19] Deutscher Wetterdienst (2014b). German Climate Atlas-Precipitation. http://www. dwd. de/

bvbw/appmanager/bvbw/dwdwwwDesktop? _nfpb＝true&._windowLabel＝dwdwww_main_book&. T1794001906213086545426366gsbDocumentPath＝&.switchLang＝en&._pageLabel＝P288001906 21308654463391 (accessed 23 March 2014).

[20] Dierkes M. and Hamann R. (2009). Öffentliches Preisrecht in der Wasserwirtschaft. Nomos Verlag, Baden-Baden.

[21] DVGW-Deutscher Verein des Gas-und Wasserfaches e. V. (2009). Climate Change and Water Supply. http://www. dvgw. de/fileadmin/dvgw/wasser/ressourcen/info_climatechange_ en_100525. pdf (accessed 23 March 2014).

[22] European Commission (1999). European economy-liberalisation of network industries. Reports and Studies, 4.

[23] EUWID (2011). Umfassende Wassernutzungsabgabe statt Abwasserabgabe und Entnahmeentgelt? EUWID Wasser Special, 2.

[24] Ewers H. -J. et al. (2001). Optionen, Chancen und Rahmenbedingungen einer Marktöffnung für eine nachhaltige Wasserversorgung, BMWi-Forschungsvorhaben 11/00, Endbericht Juli 2001.

[25] Garcia S., Guérin-Schneider L. and Fauquert G. (2005). Analysis of water price determinants in France: cost recovery, competition for the market and operator's strategy. Water Science and Technology: Water Supply, 5 (6), 173-181.

[26] GG-Grundgesetz für die Bundesrepublik Deutschland (1949). Grundgesetz from 23rd May 1949 (BGBl. S. 1), last update of 29th July 2009 (BGBl. I S. 2248).

[27] Hein A. and Merkel W. (2010). Process benchmarking in drinking waterworks in Germany. gwf-Wasser Abwasser, 151 (Int. S1), 64-70.

[28] Hirner W. and Merkel W. (2005). Kennzahlen fürBenchmarking in der Wasserversorgung. wvgw-Verlag, Bonn.

[29] Hirschhausen C. von et al. (2010). Wasser: Ökonomie und Management einer Schluüsselressource. Deutsches Institut für Wirtschaftsforschung, Berlin.

[30] Hoffjan A. and Müller N. A. (2011). Contemporary Market Structure and Regulatory Framework, report within the EU Research Project TRUST. http://www. trust-i. net/ downloads/index. php? iddesc＝34(accessed 26 March 2014).

[31] Hoffjan A., Müller N. A. and Reksten H. (2014). Enhancing Competition and Efficiency in the Urban Water Industry. Internal Report within the EU Research Project TRUST.

[32] Libbe J. (2014). Zukunftsfähige Wasserwirtschaft zwischen Zentralität und Dezentralität, 47. Essener Tagung für Wasser-und Abfallwirtschaft, pp. 6/1-6/2.

[33] Lotze A. and Reinhardt M. (2009). Die kartellrechtliche Missbrauchskontrolle bei Wasserpreisen. Neue Juristische Wochenzeitschrift, 62 (45), 3273-3278.

[34] Mankel B. (2002). Wasserversorgung: Marktöffnungsoptionen umfassend nutzen. Wirtschaftsdienst, 82 (1), 40-43.

[35] Merkel W. (2009). Wasser-und Abwasserwirtschaft: Sicherheit und Qualität bestimmen den Preis, nicht umgekehrt, Tagungsbericht von der Handelsblatt-Jahrestagung 2008. gwf-Wasser \ Abwasser, 150 (1), 72-79.

[36] Oelmann M. and Haneke C. (2008). Herausforderung demographischer Wandel: Tarifmodelle als Instrument der Nachfragestabilisierung in der Wasserversorgung. Netzwirtschaften &. Recht, 5 (4), 188-194.

[37] Otillinger F. (2011). Benchmarking-was hat es bislang bewirkt und wie geht es weiter?. energie \

wasser praxis，62（5），24-26.

[38]　Petry D. and Castell-Exner C.（2012）. Current issues and challenges addressing the German drinking water sector. Bluefacts-International Journal of Water Management，3，16-20.

[39]　Reif T.（2002a）. Preiskalkulation für eine moderne Wasserwirtschaft. Energie \ wasser praxis，53（12），14-19.

[40]　Reif T.（2002b）. Preiskalkulation privater Wasserversorgungsunternehmen. Wirtschaftsund Verlagsgesellschaft Gas und Wasser mbH，Bonn.

[41]　StatistischeÄmter des Bundes und der Länder（2011）. Demografischer Wandel in Deutschland.

[42]　Statistisches Bundesamt（2011）. Statistisches Jahrbuch 2011-Bundesrepublik Deutschland.

[43]　Statistisches Bundesamt（2014）. 1000 Liter Trinkwasser kosteten 2013 im Durchschnitt 1，69 Euro. https：// www. destatis. de/DE/PresseService/Presse/Pressemitteilungen/2014/03/PD14 _ 110 _ 322. html（accessed 23 March 2014）.

[44]　The Council of the European Communities（1991）. COUNCIL DIRECTIVE 91/271/EEC concerning urban waste water treatment of 21st May 1991.

[45]　The Council of the European Union（1998）. COUNCIL DIRECTIVE 98/83/EC on the quality of water intended for human consumption of 3rd November 1998.

[46]　The European Parliament and the Council（2014）. DIRECTIVE 2014/23/EU-Directive on the award of concession contracts from 26th February 2014.

[47]　Theuretzbacher-Fritz H.，Schielein J.，Kiesl H.，Kölbl J.，Neunteufel R.，Perfler R.　（2005）. Trans-national water supply benchmarking：the cross-border co-operation of the Bavarian EFFWB project and the Austrian OVGW project. Water Science and Technology：Water Supply，5（6），273-280.

[48]　Trinkwasserverordnung（2001）. Trinkwasserverordnung from 21st May 2001（BGBl. I S. 959），last update 14th December 2012，published 2nd August 213（BGBl. I S. 2977ff.）.

[49]　Umweltbundesamt（1998）. Vergleich der Trinkwasserpreise im europäischen Rahmen. Ecologic-Gesellschaft für Internationale und Europäische Umweltforschung，Berlin.

[50]　Umweltbundesamt（2010）. Water Resource Management in Germany-Part 1-Fundamentals.

[51]　VKU-Verband kommunaler Unternehmen（2011）. Fragen und Antworten-Wasserpreise und Gebuühren. http：// www. vku. de/service navigation/presse/publikationen/fragenund-antworten-wasserpreise-und-gebuehren. html（accessed 23 March 2014）.

[52]　WHG-Wasserhaushaltsgesetz（2009）. Gesetz zur Ordnung des Wasserhaushalts from 31st Juli 2009（BGBl. I S. 2585）last update 7th August 2013（BGBl. I S. 3154）.

第8章 从多边组织的角度评估供排水服务——AquaRating 的经验

8.1 引言

世界各国的政府、民间社会组织和合作伙伴正在努力地改善家庭和企业的供排水和卫生服务，以保证全面地获得安全、可持续、高效的服务。有关服务的状况及其性能的可靠性，以及信息的准确性，是政策制定人员和提供服务的业务经理能够改进和制定有效的政策和项目以克服自身缺点的基础。与各国政府、服务提供商和民间社会组织合作的发展组织也依靠健全的信息来设计、资助和成功执行其项目。通过最佳实践和绩效规则，可靠信息可以成为鼓励和引导不同利益相关方一起努力、调动人力和财力资源、改进服务的有力工具。在国家法规下的强制性规则和自愿性规则是在创建这些特征的良性循环时可以使用的两种互补的方法。本章的目的是更详细地讨论这种方法，并提出和分析最新 AquaRating（水评估）的实例。

AquaRating 是一种新的绩效评估系统，适宜于代表认证的独立方提供排水和卫生服务的公司。作者相信，这一新的工具可以在制定城市地区普遍使用的服务绩效规则和可靠信息的基础上评估服务提供商的实践和绩效，并且在为提供商和政策制定人员提供指导方面做出重大贡献。AquaRating 方法背后的主导思想与现代监管方法的基本理念非常相似：通过制定提供服务的规则来为用户提供更好的服务，鼓励按照规定评价服务，监督并鼓励服务提供商参与学习和改进的过程。然而，这两种方法之间也存在着很大的差异。最重要的区别是，AquaRating 是一个原则上适用于世界各地的自愿制度，但监管供排水和卫生服务（正如世界上许多地方设想的那样）是最终由主权国家（或主权国家联盟）批准的强制性制度，并且仅适用于相关领域。因此，像 AquaRating 这样的自愿制度显然是对国家监管的补充。

本章的作者是负责开发和测试 AquaRating 系统并将其付诸实践的团队成员。这是美洲开发银行（IDB）和国际水协会（IWA）之间的联合举措。根据这两个组织的目标，设立这项倡议的主要原因是建立一个在获取、质量、效率、透明度和可持续性方面都有助于改善家庭和企业的供排水和卫生服务的新系统，同时有益于服务提供商、政策制定者、金融机构和开发合作伙伴。

本章其余部分的结构如下：第一部分讨论了在面对鼓励监管挑战的背景下，评估服务提供商绩效时使用可靠信息的动机；第二部分介绍了 AquaRating 的方法和结构，以及现场测试的经验；第三部分是结论。

8.2 有关监管与绩效评估和可靠信息价值的挑战

监管供排水和卫生服务的目的基本上是为了保护消费者免受服务提供商滥用垄断权力

（无论是价格过高还是服务不足），以促进提高公共卫生服务水平，并在公共服务存在时强制遵守，以及保护水资源和环境。文献中详细记载了关于供排水和卫生服务的具体特征（如自然垄断、外部效应及其与人权的关系等），它说明了对该行业进行监管的合理性（参见 Krause，2009 年，第 2 章）。

世界各地的监管在试图达到其目标时都面临着一系列的挑战（参见 Rouse，2007 年）。这些挑战包括：根据特定国家水务部门的具体结构和治理，设计适合的全球监管方法，确保监管决策的独立性和可信度，促进用户参与，雇用具有足够知识和经验的人员，然后继续规范水价、环境和服务质量方面的法规，同时对服务提供商（无论是国营的还是私营的）采用有效的监管技术（参见 Berg，2013 年，查阅最近对后者的贡献）。政府和公司已经采取了不同的监管方法，尽管在许多国家，特别是农村地区，至少在现实中仍然没有对供排水服务的管理（参见 Marques，2010 年，世界范围内的监管状态比较）。一般来说，有主动的部门自我监管和强制的国家监管两种监管方法。对于第二类监管方法，我们可以分为合同监管和通过专门监管机构的监管。

本节阐述了"主动的自我监管"和"缺乏监管"的不同。在第一种情况下，服务提供商自愿承诺遵守某些规则或绩效目标，并建立某种报告提交系统和允许公众监督的监管系统。在第二种情况下，绩效规则或目标（不论是强制性的还是自愿的）是不存在的或仅存在于纸面上，但实际上没有执行，也没有生成报告或进行监管。

任何监管系统的关键部分都是有关服务提供商提供的服务和管理实践水平的可靠信息。然而，在实践中这是许多监管系统的致命伤，因为监管机构不容易获得可靠的信息。出于同样的原因，供排水服务由于垄断，其经济监管没有性能和成本方面的信息，许多服务提供商缺乏分享这些信息的明确动机。这意味着在大多数国家，首先必须建立提交报告的系统以监管服务水平和管理实践，必须对信息的可靠性进行验证和改进，才能真正有效地实施监管。

服务提供商绩效信息的准确、可靠、可比性不仅对监管机构重要，而且对于这些公司的董事和经理、投资者、金融机构和合作伙伴来说也是至关重要的。例如，如果事先有这些信息，公司的董事将能够使用它们来决定需要改进的领域，比如在标杆管理环境中，可以优先改进行动并明确投资的必要性。标杆管理或比较评估的定义如下："标杆管理是通过系统搜索和调整最佳实践来改善绩效的工具"。对于开发性的金融机构（如 IDB）来说，这意味着寻找和准备项目都要简单得多，并且成本也低，因为需要汇编和评估的有关公共服务的技术、财务和机构的数据较少，此外，还因为服务提供商的绩效可靠信息可作为具体项目的参考，这些信息不管是什么，都需要收集处理。

鉴于服务提供商绩效评估共同标准的众多优势，IDB 和 IWA 联合开发了 AquaRating 系统。该新方法基于三个原则：（1）建立一个供普遍适用的衡量在城市地区供排水和卫生服务方面反映最佳国际惯例的绩效参考系统；（2）向服务提供商提供一个由独立认证方（"AquaRating"）自愿评估其绩效的系统，该系统由于经过备案和信息验证，因此是可靠的；（3）给服务提供商优先权，使他们的需要和动机在 AquaRating 中优先满足，从而使该工具更具吸引力。这三个要素的组合也使得 AquaRating 不同于目前存在的其他类似举措，例如由监管机构、服务提供商或多边组织管理的对标项目。AquaRating 的方法和经验将在下节中介绍。

8.3 AquaRating 的方法和经验

本节主要是对美洲开发银行介绍性章节的改编。

8.3.1 方法

目前可用的 AquaRating 试验版本包括 113 个评估项目，分为 8 类，每类分配一个分数，该分数依次包含在为服务提供商评级的从 0 到 100 的单个聚合分数中。这些项目中约有一半是比较传统的量化绩效指标，其余项目是为该工程的最佳实践特定的新绩效项目。完全遵守所有最佳实践并达到指标最苛刻标准要求的，需要提供出色的服务，并且可以得到满分 100 分。

引入最佳实践源于前一节末尾提到的三个设计原则的几个方面。一方面，最佳实践上下关联比较少。通过评估服务的管理方式，而不仅仅是所述管理的数值结果，提供商运营所在的地理、经济和社会条件不会像仅基于数值结果进行评估那样具有强大的影响力。另一方面，实践允许建立对服务未来的预测。例如，今天报告合理结果的服务提供商在关键领域的最佳实践上有不足，可能会遇到可持续性问题。最后，AquaRating 中使用的最佳实践的另一个优点（也是参与开发和系统测试的服务提供商强调的）是它们就是一个指南，因为目前尚未实施的实践可能会成为提供商的中短期目标。

根据财务自给自足模式，AquaRating 管理将被委托给 IWA 任命的独立实体，其中服务提供商或赞助商支付审计费用。为使系统随着时间的推移可持续地发展，这种方法似乎既是可取的也是必要的。此外，甚至可以说，这个功能是对系统的一种测试：如果提供商或赞助商准备支付评级服务的成本，这意味着该服务对于提供商具有真正的价值。审计搜集的信息将是保密的，由提供商决定是否公开。为了保证提供商所提供信息的可信度和可靠性，所有用于计算最终成绩的信息都必须有文件支持，并通过审计进行验证。审计将在提供商完成自我评估后进行，将由 AquaRating 认证的独立审计员执行。

8.3.2 从服务提供商的角度看使用 AquaRating 等系统的优点

利益相关方的声誉和认可：服务提供商可以向某些利益相关方报告评级或将其公开作为沟通策略的一部分。

服务提供商可以发现改进的机会，并制定改进方案。

获得财务和培训资源。通过 AquaRating 提供的评估，服务提供商将获得足够的信息，以改善政府或开发银行，甚至私有银行的财务和培训资源。

了解了当前的绩效水平，并制定了切实可行的供排水和卫生改进计划的服务提供商可以提供质量、效率、可持续性和透明度更高的服务。

8.3.3 结构

为了提供真正全面的评估，AquaRating 涵盖了服务提供公司管理的八个类别（见图 8-1）中的所有方面。

每个评估类划分为子类，子类又划分为评估项。对于每个评估项，根据服务提供商通过一个信息系统所提供的信息计算出一个从 0 到 100 的得分。然后将子类分数汇总，最后进行整体汇总。服务提供商必须提供支持他们所输入信息的记录。

图 8-1　AquaRating 所涵盖的服务提供公司管理的八个类别

为了获得每项得分，系统对每项的结果都进行了标准化。对每项信息来源的可靠性也进行了评估，并且根据其可靠性进行了加权修正。这个过程以服务质量类所分的四个子类之一的饮用水水质（CS1）子类为例进行说明。所述子类中包含的评估项如图 8-2 所示。

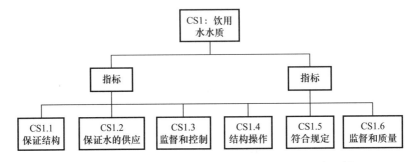

图 8-2　AquaRating 结构中饮用水水质（CS1）子类示例

在实践列表的情况下，通过对列表中的每个实践分配相对重要程度（权重）从而对得分进行标准化。例如，对于评估项 CS1.1 "处理和供应结构能力的保证"，最佳实践和相应权重的列表如表 8-1 所示。如果所有的要求都得到满足，则每个评估项的得分是 100，而部分合格的项目将根据不合格部分的具体权重从分数中按比例扣除。

通过对实践分配相对重要性来实现标准化评分的示例

（例如，评估项 CS1.1 处理和供应结构能力的保证）　　　　　　　　表 8-1

序号	实践	权重
1	在纳入评估系统水源的原水入口处设有保护措施（标牌、周边保护、围栏等）	1
2	处理站有 "预防性维护" 协议及相应记录	1
3	处理站有 "设备维修保养" 协议及相应记录	1
4	处理站在无操作人员（或全天候可用人员）时，有自动化操作流程	3
5	有协议用来分析和解决违反水质 "相关法规" 的行为，并告知主管机构	2
6	有关于水质 "突发事件" 的安全方案	1
7	对于首次使用的新水源（地下水或地表水），有确保水质的协议	1
8	在实施新的基础设施时，有确保水质的协议	1

指标由变量组成的公式计算。标准化评分是通过标记每个指标的期望值的目标函数来实现的。例如，在评估 CS1.5 项 "符合饮用水规定" 时，公式为：

$([CS1-V3]/[CS1-V2]) \times 100$

这里的变量是：

[CS1-V3]＝符合水样规则的人口数量；

[CS1-V2]＝在待评估的区域内接受服务的人口数量。

在图 8-3 中，标准化函数的横轴是指标值，纵轴是 AquaRating 标准化值。符合饮用水规定的百分比（达标样品的百分比）给出了 80％正确样品对应的标准化值为 0。样品正确率 92％对应的标准化值低于 30，而样品正确率 99％对应的标准化值允许达到最高分数 100 分。

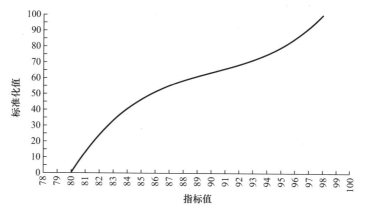

图 8-3　标准化函数

系统根据可用信息为实践和指标值分配可靠的校正因子。例如，变量［CS1-V3］的校正因子如表 8-2 所示。

<table>
<tr><td colspan="2" align="center">变量［CS1-V3］的校正因子示例</td><td align="right">表 8-2</td></tr>
<tr><td colspan="2" align="center">可靠性</td><td align="center">校正因子</td></tr>
<tr><td colspan="2">没有记录</td><td align="center">0</td></tr>
<tr><td colspan="2">控制和样品分析没有签字记录，未经质量控制</td><td align="center">0.33</td></tr>
<tr><td colspan="2">控制和样品分析有签字记录，具有可追溯性和质量控制</td><td align="center">0.8</td></tr>
<tr><td colspan="2">控制和样品分析有签字记录，具有可追溯性和质量控制。并且建立了一个可靠的系统，将样本与人口数或相关的因素联系起来</td><td align="center">1</td></tr>
</table>

每类的得分是由该类按等级划分的下一层次各项加权相加获得的（见图 8-4）。因此，在 AquaRating 系统的每个层次中，分数的分配都是从 0 到 100。把这些分数和预先确定的权重在相同层次内加权，从而每类和子类的分数也是从 0 到 100，由所含评估项组合而产生。

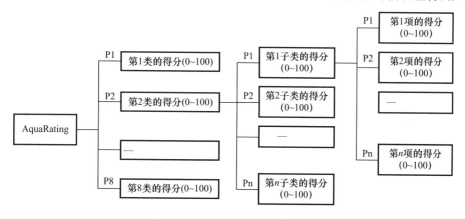

图 8-4　AquaRating 的分数等级

服务提供商的自我评估提供了初始评级，随后由 AquaRating 认可的外部审计员进行检验和核实。根据审计报告，AquaRating 实体为服务提供商出具一份资格报告。

8.3.4　现场测试的开发和经验

这个工具的开发遵循一个动态过程——服务提供商、国际专家和其他多边组织通过不同的研讨会、主题分组会和直接对话形式参与并提出意见。

在 AquaRating 试用版完成后，已在拉丁美洲和西班牙的 13 个服务提供商中进行了测试，旨在改进 AquaRating 工具并使之适应实际情况。具体参与测试的提供商有：阿根廷的阿根廷供排水和卫生公司（AySA）；巴西的圣保罗基础卫生公司（SABESP）；哥伦比亚的麦德林公用事业公司（EPM）；哥伦比亚的亚佩雷拉供排水公司；智利的安迪娜斯水务公司；哥伦比亚的卡塔赫纳水务公司；墨西哥的蒙特雷州供排水服务公司（SADM）；厄瓜多尔的基多公共饮用水和卫生公用事业公司（EPMAPS）；乌拉圭的国家卫生工程公司（OSE）；多米尼加共和国的圣地亚哥供排水公司（CORAASAN）；西班牙的阿夸利亚水综合管理，阿尔梅里亚水市政服务；西班牙的阿利坎特市政水务；西班牙的科尔多瓦水务市政公司（EMACSA）。参与测试的提供商是经过精心挑选的，以涵盖范围广泛的监管框架、规模、所有权形式、管理模式和技术规范。一些服务提供商已经过审核，以便对审计流程也进行测试。

服务提供商和审计员的印象已经通过调查、会议和突发事件系统的处理整合到了 AquaRating 工具中。测试的主要结论证实了：（1）在线工具易于管理；（2）AquaRating 可以在不同的环境中使用；（3）提供商重视系统中的知识；（4）提供商重视普遍认可的可以可靠地证明其绩效的系统；（5）由于系统的使用，提供商发现了自己组织在各方面存在的问题，并明确了改进的领域；（6）一些提供商以 AquaRating 中的规则作为参考，把所学到的内容用到了改进策略中；（7）提供商提供的信息可以进行审计；（8）有些人认为 AquaRating 是获得融资的有用工具。

测试还有助于收集有关改进策略的想法。主要的改进措施有：（1）加快输入和上传信息的程序；（2）加快审计程序；（3）完善支持文件的定义；（4）调整评估项目的定义，并更新与工具相关的软件和文件以记录所有变化；（5）提高软件的浏览功能。

8.4　结论

国家对供排水和卫生服务监管的最终目标是保证在某些责任范围内的所有家庭和企业能够有效地获得优质服务，以改善公共卫生和保护水资源。为了实现这些目标，监管必须为服务水平和管理实践制定重要的规则，并获取可靠的信息以监督服务提供商并遵守法规。诸如 AquaRating 之类的评级系统在受监管环境中是服务提供商的辅助工具，因为它在获取、质量、效率、透明度和可持续性方面改善了供排水和卫生服务。在国家监管很不发达的环境中，这种制度可以作为主动的"自我监管"。

AquaRating 具有创新、独一无二、全面和可靠的特点。这些项目的特色是：（1）普遍性：它可以被世界各地的城市服务提供商使用，适用于不同的环境。（2）全面评估：评估服务提供商管理的所有重要方面，不仅包括绩效指标，而且还包括实践指标，评估范围更广。（3）可靠性：AquaRating 要求服务提供商提供支持其所提供信息的文件。该支持信息和文件由外部审计员审核，AquaRating 由独立的第三方（AquaRating 实体）认证。这是非常重要的，因为大家已经认识到数据的质量对于任何绩效评估系统的可信度都至关重要。（4）改进提供服务的信息：它能够评估当前的绩效并明确潜在的改进方向。

由于 AquaRating 是一个提供基准评估平台的通用系统，服务提供商并不是唯一的受益者，因为各国政府、民间社会组织、发展伙伴和金融机构也可以将其作为在优先考虑融资和努力方向时直接帮助决策的完美工具。

本章参考文献

［1］ Banco Interamericano deDesarrollo（2013）. Sistema de Calificación de Prestadores de Agua y Saneamiento AquaRating. Documento Técnico，Versión 1. 1. 2. 31 de julio de 2013. Documento interno elaborado por：E. Cabrera jr.，F. Cubillo C. Díaz J. Ducci and M. Krause.

［2］ Berg S. V.（2013）. Best Practices in Regulating State-Owned and Municipal Water Utilities. Comisión Económica para América Latina y el Caribe de las Naciones Unidas（CEPAL），Santiago.

［3］ Cabrera E.，Jr.，Dane P.，Haskins S. and Theuretzbacher-Fritz H.（2011）. Benchmarking Water Services：Guiding Water Utilities to Excellence. IWA Publishing，London.

［4］ Krause M.（2009）. The Political Economy of Water and Sanitation. Routledge，New York，London.

［5］ Marques R. C.（2010）. Regulation of Water and Wastewater Services：An International Comparison. IWA Publishing，London.

［6］ Rouse M. J.（2007）. Institutional Governance and Regulation of Water Service：The Essential Elements. IWA Publishing，London.

［7］ Schäfer D.，Goertler A.，Gerhager B. and Gerlach E.（2012）. Through the Looking Glass：Designing and using monitoring systems for effective regulation and performance management in urban water and sanitation service provision. Regulation Brief No. 2. Eschborn：Giz.

第9章 监管机构是否有助于解决西班牙城市水循环的主要问题？

9.1 引言

城市供排水服务自出现以来（大城市已有超过一个世纪的发展历史）有了巨大发展，如今它是关系到人们生活质量的关键服务。但是由于法律条例的制定跟不上时间推移所带来的变化（如最大限度地保证供排水），近几十年来水务部门出现了一些重大的功能失调。换句话说，管理的复杂性和用户的需求在日益增加，但政府却没有对监管框架做出相应的调整（西班牙甚至尚未建立监管框架）。本章为了证实这一说法，首先对历史做了简要回顾。毫无争议，目标是以尽可能低的成本和最高的质量持续地提供服务。最后列举了供排水服务所面临的复杂挑战，接着对当前的功能失调以及随着时间的推移修正这些失调所需要做出的改变进行了分析。本章对两个持续进行的话题（普遍的水权以及管理模式采用公共管理还是私营管理的辩论）进行了思考，并在本书的背景下提出了一个显而易见的疑问：监管机构在解决这些问题上能够提供多大帮助？值得一提的是，正如本书第1章所述，以往其他国家正是由于这些问题才进行了深入改革。

如今我们知道，西班牙的城市供排水管理始于19世纪下半叶。得益于这些系统，西班牙公民的生活质量实现了巨大的飞跃，尤其是卫生方面得到了巨大的改善。到20世纪中叶，几乎所有的中心城市都有了供排水服务，发展如此迅速一点都不奇怪。而且由于最初安装的管道如今仍在运行，如果管道的平均寿命在50年左右，那么管网中许多管道都超过了其使用寿命，本章不可避免地对这个问题做了研究。这绝对不是一件小事，当时的投资是根据需求定的，公民期望自家水龙头中能流出饮用水，但是如今对管网进行更新的积极性不高。政府开发了主要的供排水服务基础设施，人们也坚信应该由政府来对这些设施进行升级，用户只需支付部分费用。因此，供排水服务对于公民来说由必要性和梦想变为了需求，公民几乎没有任何责任，这就是他们如今的观点。

因为我们已经习惯了水这种商品，所以人们把它变为了一种权利。然而人们没有意识到或没有停下来思考管道需要更新这个事实（因为没有人打算解释），还会抱怨管道更新造成的不便。当涉及水价上涨时，接到的投诉会更多。在过去享受供排水服务被视为一个梦想，因此人们愿意支付费用，心甘情愿地承担可能带来的不便；但如今供排水服务被看作是一种获得的权利，人们不愿意支付额外的费用或承担造成的不便。这就引出了我们的第二个问题：是否有必要让人们了解要保证服务的质量，新的投资以及偶尔可能会造成不便（虽然如今的非开挖技术使得管网可以更新并且减少不便）是不可避免的，只有这样供排水服务才能随着时间的推移而延续下去。

　　由于没有别的办法，所以这些供排水服务出现时是由城镇本身带动的。在规模经济以及合理的投资之下，人们可以在自家水龙头使用自来水。在一些城市地区，尤其是住宅区，政府迟迟不做决策使得私营企业开始提供供排水服务。随着时间的推移，为了达到自来水水质要求，市政厅收购了大部分私有系统，因此如今除了少数特例外，大部分战略性城市的基础设施都归政府所有。

　　当然，在20世纪初的几十年得到了巩固的供排水服务也需要受到监管（市政厅的职责是向市民提供饮用水）。该项任务是在1985年进行的，当时颁布的《地方政权监管规则》（1985年4月2日颁布的第7号法）的第25.2.1和86.3条将供排水定为最为强制性的市政服务之一。当然，这是合乎逻辑的，因为根据定义，城市供排水管网是在本地，尽管几个城镇可以联合起来进行资源总体分配，这就是今天所说的供排水网（高供应量）。虽然存在如前几章中所述的一些重大例外，但这个逻辑几乎在所有国家都占主导地位，对此没有什么异议。市政的职责虽然不是所有国家都规定了的，但却是普遍存在的，虽然只是逻辑上的。

　　但是乡镇企业尤其是小型企业的技术能力往往跟不上供排水服务的技术增长和经济复杂性的需求（保证自来水可饮用、最大限度地减少对水和能源这类自然资源的开发、按照欧盟指令对水质的要求将使用过的水处理到基本上符合服务质量标准后排放回自然环境中）。企业的这些不足在很大程度上得到了上层机构的支持，如较小的城镇和乡村的地方议会。但经过数十年来对这些系统的市政管理，为了加强事情的积极的一面，并在有改进空间的情况下，看看事情如何进展似乎是合理的。这是对新框架的一个特别相关的反思；新时期（在过去的十年经济危机开始之际）的新框架迫使所有相关方变得比之前更有效率。

9.2　城市水循环目标

　　要想以尽可能少的努力达到一个目标，必须要了解起点和终点，为了确定起点，需要进行三个阶段的技术诊断：

　　（1）进行水审计以准确确定系统的效率。使用具有代表性的指标进行度量审计（如日供排水量或每千米管道每小时供排水量这种具体的指标，而不是业绩百分比这种笼统的指标）。该项审计应区分真正漏水（漏损）和表面漏水（计量误差和偷水）。

　　（2）进行能源审计以计算出从取水到分配水的整个城市水循环中不同阶段的能源消耗（kWh/m^3）。计算应包括漏损导致的能源损失（漏损不仅会损失水资源，还会导致能源的损失）。

　　（3）经济审计。城市水循环系统作为一个整体具有传承价值，随着时间的推移需要得到保护。根据系统的基础设施的初始成本以及不同基础设施的平均寿命确定当前的剩余价值，接下来需要制定维护和投资计划，至少要保护好这些基础设施，如果可能的话，还需要对这些基础设施进行改进直到其条件达到可接受的水平。收取的水价应覆盖所有这些成本，水价的结构需要适应当地的城镇社会环境。

　　采用这三种审计方法对供排水服务系统进行诊断是普遍的做法，但毫无疑问的是每个城市的审计结果将有很大的差异。尽管如此，最终目标都是相同的：以尽可能低的成本持续地提供优质服务。好的水务系统有三个重要因素：水质、合理的成本以及可持续性。水质是通过所提供服务的质量标准来定义的。西班牙的标准对龙头的水质进行了明确定义，其他阶段的水质标准可能由地方制定（在服务外包合同中进行定义），没有通用的指令。合理的成本即最低成本，其在很大程度上取决于每个特定服务的情况，使用天然矿泉水这样的优质水源和海水淡化的成本自然不一样，此外地形也会对成本造成影响。另一个关键因素是规模经济。量化指标有很多：每千米管网的节点数、每千名用户的管网长度等。因此在进行能源审计时，有必要参考标杆管理这本书中广泛讨论的项目。但是对系统的经济管理水平进行评估，对决策者的培训起着决定性的作用。

虽然第三个要素——可持续性经常被人们提及，但却并不好理解。因此，在继续分析这个术语之前，最好先澄清一下 1987 年联合国布伦特兰委员会提出这一词汇背后的原因。在最终的报告《我们共同的未来》中给出的定义是"可持续发展是指既满足当代人的需求，又不对后代的需求构成危害的发展"。就目前的情况来看，可持续的供排水服务意味着不会对后代的需求造成损害，至少为后代提供与现在相同质量的服务。为了做到这一点，我们必须使用清洁能源，使基础设施处于良好的状态，并且上述的一切都要与社会意识相一致。我们不应忽略这样一个事实，即我们正在提供的是一项对人类生活至关重要的基本服务。虽然这不包括本文的最终目标，但所有人都说我们不应该忘记由于城市供排水服务涵盖在更广泛的环境中，对可持续发展的概念允许有不同的解读，这些解释仍在讨论中。

不论前面提到的要求如何，可持续发展的概念仍在讨论当中，应该通过环境、经济和社会三轴构成的三维空间加以界定。无论如何，这三个轴之间存在着利益冲突。环境方面需要投资和运营成本来保护自然环境（需要良好的水处理技术），从而对经济方面产生了影响。需要在三者之间找到平衡点，因为没有哪个方面比其他两个方面更重要，这三个方面都起着根本的作用，并且同时互补。证明这一点的最好方法是记住每个方面的意义，具体如下：

（1）环境方面。城市水循环是人为形成的。人们建立了一系列的基础设施使得自家水龙头上拥有流动的优质自来水。这意味着从自然水体中尽可能少抽取水（需要有效利用），并且一旦使用（因此受到污染和水质降低），当把它排回到自然环境中时，其质量至少要与从自然水体中抽取时相同。

（2）经济方面。城市水循环系统的基础设施非常昂贵，并且需要大量的投资。我们之所以没有意识到这一点是因为在过去的几十年里已经陆续地对这些基础设施进行了安装。但从整体上看，它们具有极高的传承价值，只有处于良好的运行状态，才能满足环境质量目标和效率目标。只有在其使用寿命耗尽时才能永久维护和更新，这也需要大量投资。在实践中，通常的更新周期超过平均估计寿命。

（3）社会方面。没有人可以否认人类对于供排水和卫生设施的使用权。联合国在 2010 年 7 月确认了这一点。因此，必须保证处在各个阶层、条件和环境下的人们能够以合理的价格获取基本的日用水量。然而，社会方面除了考虑供水是人们生活的基本保障之外，还应该确保自来水具有高质量的饮用价值，使得市民不必被迫饮用瓶装水（比自来水贵几千倍，而且还不环保）。这些社会目标应与环境目标和经济目标相一致，并且需要有足够的资金进行必要、明智的投资。

　　简而言之，需要强调的是，社会方面涉及其他两个方面固有的利益，这是显而易见的，因为公民更不愿意承担与水相关的费用。但从实际分析来看，解决方法相对简单。实际上，西班牙在 2013 年的整个水循环中，公民人均年支付费用为 86.8 欧元（年平均用水量为 47.45m³，平均水价为 1.83 欧元/m³），这个价格对于大多数公民来说都是负担得起的，即使在经济危机时期也是如此。事实上，同年的人均收入为 22291 欧元，供排水和卫生设施的花费低于收入的 0.4%。其他如电、天然气、电信等非必须的基础服务则昂贵许多，但没有人不使用这些服务。

　　另一方面，经验表明如果不按照成本回收原则制定合适的水价，则不能有效地利用水资源，这是一个显而易见的事实。它揭示了回收所有成本和尽可能避免申请任务补贴的绝对必要性。这一声明不应令人震惊。这是在《水框架指令》中规定的，而不是偶然的。基本上应该通过对所有供排水成本（显然包括除了维护成本外的费用，在西班牙一般不存在安装摊销费用）与用户收入之间进行权衡来制定平均水价。社会方面则需要制定阶梯水价，以保证基本的用水需求（非常低廉的水价，或至少对特困阶级免费），之后逐步征收水费。换言之，社会和环境方面需要摆脱自由市场的"消费越多、支付的费用越少"这一基本原则。综合起来，必须尽可能多地提供排水资源，同时少从环境中抽水，要做到这一点需要效率。

　　图 9-1 描绘了上述内容，同时把各方面重叠的部分概念化。三者最复杂的组合即总结在"公平"一词之下的经济与社会的重叠部分，这种公平是通过合理的水价来实现的。重叠部分的其他两个术语很容易理解，环境与经济代表的是"可行"，环境与社会代表的是"适合居住"，因为自然环境的退化会导致该地区不适合居住。生活在有尊严的框架下是人类的社会权利之一。三个方面都重叠的部分是"可持续性"，而且唯一合乎逻辑的是，只有治理（经济合作与发展组织——经合组织，2015 年）才能使这三者相互兼容，虽然这是一项真正复杂的任务。

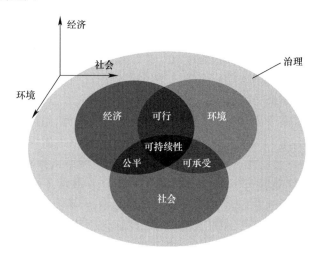

图 9-1　可持续性的概念及其在城市水循环中的应用

　　到此为止，我们现在可以制定一个路线图，把我们带到重要的最终目标——以尽可能低的成本提供优质水。换句话说，根据对系统的诊断，确定一条现实的尽可能短的路径来实现社会、经济和环境可持续性这一目标。

9.3　西班牙和世界各国的现状

目前西班牙城市水循环的现状不能一概而论，因为总是有例外的情况。更何况对于全世界来说范围如此之广，情况更是如此。但是有几个明显的事实和趋势使得这些系统的管理者需要面对一些相当大的挑战。下文列出了这些挑战并对其进行了讨论（顺序不重要，因为每个挑战的相关程度取决于具体情况）。

9.3.1　老化的基础设施

前文已对基础设施老化这一现状出现的原因进行了讨论。有必要指出的是，西班牙也不例外，基础设施老化的问题普遍存在。因此，对于在 20 世纪就引领世界的美国来说，这是一个日益引起关注和担忧的问题。有大量的出版物强调了这个问题，可见公众对于该问题的关注。事实上，有大量的报道提到了应对老化的基础设施的必要性，比如环境保护署（EPA）每四年对这些需求进行一次量化。第五次也是最近的一次评估延迟了两年，于 2011 年发布。据估计，在未来的 20 年内，仅升级美国的饮用水供应系统就需要投资 3842 亿美元。考虑到 2009 年的人口为 3.15 亿人，估计每年需要的投资额为每百万公民 6100 万美元（约 4 亿元）。

同一国家的其他研究（AWWA，2012 年）只专注于饮用水管道，估计在未来的 25 年内，要升级这些管网（长约 160 万 km）需要的投资将超过 24000 亿欧元（在 25 年里每千米管道投资为 150 万欧元）。假设条件相似（取决于管道的状况和管网的发展），西班牙有 4600 万公民和 25 万 km 的管道，可以换算一下需要多少投资。结果表明平均每 1 百万公民需要 3300 万欧元的投资，虽然比 EPA 的研究结果（每百万公民 5500 万欧元）更为保守，但数字依然很大。数值间有差异是很容易理解的，因为第一次的评估考虑了取水、水处理和存储水的过程，而第二次的评估只考虑了管道。无论是哪种情况，不可否认的是，我们正在谈论的是非常重要的数字。

西班牙的数据（也许这种研究很有价值）没有公布。但是无论是哪种情况，需要准备的投资都将是巨大的。考虑到这项研究是两年前开展的，而且西班牙的基础设施可能比美国的条件差，该数字可能高达每年每百万公民 5000 万欧元。

经济危机会伴随着高失业率，这个数字应该不会令人震惊。鉴于著名的报告，包括洛克菲勒基金会（GFA，2011 年）的报告，认为应该将这视为一个重大的机遇。报告的结论是，每年投资约 4500 万欧元（报告中的数字是指维护城市供排水基础设施每百万公民所需的年度投资），将伴随着 6300 万个项目产生（4500 万乘以 1.4），同时将创造 5300 个就业机会（绿领工作，因为它们将有助于保护自然环境）。因此，我们可以说这一投资是一箭双雕。美国联合总承包商（AGC）和清洁水理事会的另一项分析报告得出了更为乐观的结论，投资 10 亿美元将会创造 28500 个就业岗位。

9.3.2　污染日益严重

目前人们的生活方式无疑导致了自然环境的恶化，尤其是水体的严重污染。所有需要用水的人类活动都降低了水资源的质量。如果水未经处理就被排放到环境中将会加重污染。事实上，近几十年来经常出现这种情况。这些污染可能来自点源污染（城市工业废水的排放）或面源污染。面源污染是由耕地和畜牧业造成的。对土地进行施肥以及随后通过灌溉水过滤出的这些化学物品到达含水层从而造成来自耕地的污染。畜牧业污染则是由雨水携带泥浆进入含水层，带来的污染结果是相同的。正因为污染源太多，因此对其进行控制很困难。

污染造成的损失费用总是高于在源头上治理的成本。为了证明这一点，需要进行良好的经济平衡，以全面的方式来考量水循环。但由于权限广泛分散，很难做出使一般利益最大化的决策。无论哪种情况，全球经济分析都证明了好的方法是治理，更好的方法是避免水源污染。这个常识性的概念已经被丹麦和英国量化了。不同的分析已经评估了农民通过不对其田地施肥，从而不再污染用于城市供排水的含水层而损失的利润。处理污水中所含的硝酸盐所需的成本总是高于农民所损失的收入。

全世界都应该应对污染对经济和环境造成的影响。而且，毫无疑问的是，当考虑到所有成本时，降低源头污染比任何其他解决方法的花费都要低得多。努力促进全面管理是必须要解决的最大的水务政策之一。虽然污染不是全球唯一的问题，但是一个主要问题，只有通过全世界的共同努力才能解决这一问题当考虑到布鲁塞尔对水质的要求越来越严格时更是如此。

9.3.3 城市人口的增加和农村人口的减少

由图 9-2 可知，19 世纪初人口开始快速增长，由于卫生条件的提高在 20 世纪人口数量得到巩固。

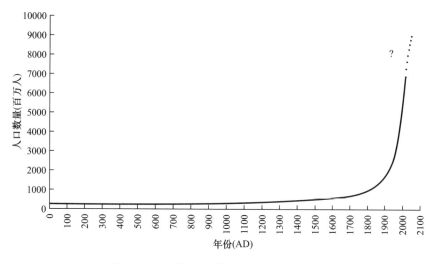

图 9-2 过去的 20 个世纪中世界人口的演变

但世界人口增长幅度最大的是最近 60 年，世界人口增长了 3 倍。1950 年的人口为 25 亿人，而如今为 75 亿人（见图 9-3）。这是一个令人震惊的数字，特别是与前 18 个世纪的增长相比，非连续性地增长了 6 亿人之多（从 1 世纪的 4 亿人到 19 世纪初的 10 亿人）。没人知道到 22 世纪人口将会增长到多少，联合国从最低 95 亿人到最高超过 132 亿人做出了各种猜测。

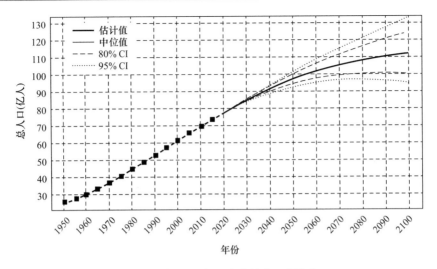

图 9-3　自 1950 年以来世界人口的演变

另一方面，这种增长是非常不对称的，城市地区的人口增长幅度远远高于农村地区。事实上，2007 年人类历史上首次出现了城市人口超过农村人口的情况，从表 9-1 可以看出，西班牙出现了相同的趋势。

西班牙城乡人口分布情况　　　　　　　　　　　　　　　　　　　表 9-1

年份	总人口	人口≥50000 的城市	50000＞人口≥1000 的城市	人口＜1000 的农村
1900	18830649	13.73％	74.16％	12.11％
2001	40847371	50.63％	45.53％	3.84％
2009	46745807	52.47％	44.31％	3.22％

因此，我们正面对不可阻挡的城市人口的增长和农村人口的减少。这意味着城镇面临的可持续发展的挑战更大，因为无法形成必要的规模经济。事实上，过快的城市化进程使得情况变得更加糟糕。从 2015 年西班牙拥有的 8115 个城镇来看，其中 6799 个城镇（占城镇总数的 83.7％）的人口不足 5000 人，4862 个城镇（占城镇总数的 60％）的人口不到1000 人。因此需要采取正确的方法来解决问题，最大限度地优化稀缺的经济资源。

9.3.4　城市化的日益增长

由于人口的不断增长和因此导致的城市化进程的不断加快显著地改变了水文循环。雨水一旦渗入地面就可以渗入地下补充含水层并滋养乡村的植被（被称为绿水），但由于灰色基础设施的增多，许多雨水无法渗入地下，城市地区相对频繁地出现了大量的雨水径流。

9.3.5　气候变化

前文描述的挑战更具有地方特性，并且在很大程度上取决于不同情况下的环境，但是气候变化却会对全球带来同样的影响，尽管导致的后果会不一样。有专家预测西班牙的可用资源将严重减少，极端气候（如干旱和洪水）的频率和强度将增加。这两个趋势都意味着我们必须提高城市水务管理的效率。气候变化是一个之前一直被忽略的重要问题，如今在第 21 届联合国气候变化巴黎大会之后，政府似乎更加重视这个棘手的问题了。

9.4 分析一个世纪之后的水——市政厅

在确定了城市水循环的历史背景并回顾了未来水务管理所面临的巨大挑战之后，我们现在要分析现状，同时评估市政当局是否具备应对自身所描述的面对巨大挑战的能力。正如所看到的那样，在大多数情况下，答案是否定的。在下节讨论克服所有障碍需要遵循的方向之前，首先需要讨论当地企业现在每天所需要克服的问题。在这样做的时候，我们不应该忘记西班牙有近 85％的城镇人口不足 5000 人。这些城镇将永远不会有充足的、符合资格的专家来做出最适当的决定。现在我们来看看要解决的问题。

9.4.1 政治决策者缺乏专业能力

毫无争议的事实是应该由市政当局负责城市供排水服务。事实上，也没有什么别的可推荐的方式。但很明显，随着时间的推移，可持续管理的复杂程度将大大增加。市长或新当选的议员并不一定能成为应对这些问题的专家。无论如何，只要他们对这些感兴趣、有足够的常识、能公平地考虑到公民的整体利益，尤其是未来公民的利益，而不是短期政治利益，这样就足够了。良好的判断力可以帮助人们做出最适合未来发展的决策，各方应着眼于未来，而不是普遍存在的短期利益。

9.4.2 管理人员和技术人员缺乏培训

城市水循环有三个不同的决策层面：政治层面（前文已经讨论）、管理层面和技术层面，它们之间互相补充。后两者分别涉及谁控制财务和人力资源，谁做技术决策。一般情况下，尤其是中小城镇对这些人员的培训并没有跟上日益复杂的城市水务管理的要求。以下是几个非常糟糕的例子（显然从我们感兴趣的角度来看）。例如，许多城镇都只有一个财政部门，那里的水收入与其他市政税收混在一起。这种方式非常不当，因为除了会导致其他问题外，它还妨碍了城市水循环的透明管理，更糟糕的是，资金可以被其他项目挪用。在缴纳的水费中收取其他服务费用（如废物收集）也不合理，因为公民有权了解每项服务的确切费用。第三个不好的例子是，很多小的城镇甚至没有制定配水管网规划。通常他们都以计划在水管工人的脑袋里为借口，这简直荒唐可笑。在这些情况下，很难专业地对这些服务进行管理。

9.4.3 公民缺乏环保意识

地中海文化使得公民坚信水是一种公共资产，因此他们几乎不用付出任何代价就可以享有水的普遍使用权。这一信念来自于传统上开发主要基础设施在很大程度上依赖政府补贴的做法。没有人费心去解释，不论收取环境成本费用是否合适，水作为一种资源，它是免费的，而且必须是免费的。但是将水传输到我们的水龙头上和将处理后的污水排放到自然环境中所需要的基础设施都需要成本，根据《水框架指令》，这部分费用应该由用户来支付。这个问题非常重要，因此已经对其进行过讨论。

由于缺乏环保意识和知识，公民不理解提高水价的必要性，这应该是一个全国性的问题，但不幸的是，这只在城市政治层面上进行过讨论。整个社会基本服务的可持续性受到威胁，地中海文化尚未适应当前的供排水服务。更糟糕的是，有时政治家甚至利用了这一点。这更助长了公民对这方面知识的缺乏。普通百姓是有头脑有知识的，能够将煽动性和机会主义的言语与对未来发展真正有帮助的方法区分开来。当前的危机已经证明企业不能继续入不敷出的经营，因为最终必须支付所有的成本费用。将政治与供排水服务剥离是市政舞台上一个非常重要的课题，因为如果政治家这样做了，受过良好教育的公民当意识到这个程序错误时会惩罚他。

前文强调了需要对所有参与者进行培训以适应新时期的需求。值得一提的是，情况并非总是如此。如前所述，总有例外的情况。此外，大公司的规模经济意味着它们能够拥有高素质的员工队伍，但是小城镇的水务公司如果不采取适当的措施，情况自然会相反，这意味着区域之间需要实现专家的共享。与缺乏规模经济相关的内容将在下文进行具体讨论，无论如何，需要克服的障碍具有共性，详述如下：

9.4.4　责任分散化

分担责任使得整体分析和做出最佳决策更难进行。在城市水务方面，太多部门无论是直接还是间接地都承担着某种责任。虽然当前的情况是由历史因素决定的（水务是一项允许有不同观点的服务行业，每一种都成为相关行政部门的潜在能力），但政府部门确实需要适应当前的情况，由于系统自身巨大的惯性，这是一件非常复杂的事情。

以下是这些机构（该名单不完整，而且各自治区的情况不同）在水务行业的责任：

（1）乡镇，正如之前所述，确保公民享受到供排水服务，这是理所当然的；

（2）水文联合会、所用水资源的管理者以及处理后的水排放到环境中的监管者；

（3）卫生部——负责饮用水质量的最终一方，并且是全国用水信息系统的管理者，我们不能忘记这些系统输送的是公民的饮用水；

（4）地区卫生委员会；

（5）对小村镇起到支持作用的地方议会；

（6）价格委员会负责批准社区的水价；

（7）许多地区的水务局；

（8）通过水务总局负责水务的相关部门。

应该尽可能更加合理地发挥每个机构的作用。这些系统的日益复杂化以及行政部门对当前存在的问题缺乏适应能力不仅形成了现在的运行框架还导致了现状的出现。例如，应该由国家卫生部和相应的区域委员会积极参与自来水质量问题（随着时间的推移，法律逐渐加大对水质的要求，要达到水质要求越来越困难，因为水源污染越来越严重）。

9.4.5　待建立的服务质量标准

虽然已经制定了自来水质量标准，但不管是在国家层面还是地区层面都没有对提供服务的技术条件进行监管。造成这个局面的原因很明显，非饮用自来水是一个可能引起公共卫生问题的污染点，因此会引发社会恐慌。考虑到这一点，中央管理机构做出了努力并制定了相关的法规，正如相关规则中广泛看到的那样。相关要点如下：

（1）总统府：2 月 7 日皇家法令第 140/2003 号建立了饮用水水质卫生标准。

（2）卫生与消费者事务部：2 月 7 日制定了 140/2003 号皇家法令第 27.7 条，与地区当局达成共识并于 2005 年 3 月 9 日批准。

（3）卫生与消费者事务部、环境和职业卫生副总理事：根据国家饮用水信息系统于 5 月 30 日提交 SCO/1591/2005 号文件。

（4）卫生与消费者事务部：根据人类饮用水微生物分析替代方法于 3 月 17 日提交 SCO/778/2009 号文件。2009 年 3 月 31 日官方杂志。

（5）卫生与消费者事务部、卫生秘书处处长、公共和外部卫生事务总局、环境和职业卫生副总理事：人类饮用水维护、清洗和消毒用物质。马德里，2011 年 4 月 11 日。

可以看出，已经发布的关于自来水的建议和规则甚至对清洁和消毒饮用水的物质进行了阐明。但对于提供供排水服务的技术条件却没有做出任何规定，比如压力、测量、扑灭火灾需要满足的最低流量等。也就是说没有服务标准。实际上，一些具备足够能力的市政厅有着自己的服务条例。这些规定在更高或更低的程度上已经对这些事情做出了监管。通过阅读这些文件，清楚了建立统一的标准并使其适应当今技术和社会要求的需要。

9.4.6　混乱的外包服务规则

采用公共管理还是私人管理是城市供排水服务争论已久的主题。西班牙的第一个水务公司于 1858 年在马德里市建立，几年后，又一家于 1867 年在巴塞罗那建立。从那以后一直存在着激烈的争论。1875 年在伯明翰，理事会收购了私营企业的供排水服务，因为他们认为"水务关系到公民的利益，必须由民众代表来对其进行控制而不是私人投机者"。不久之后的 1898 年，同样的情况在离西班牙不远的阿姆斯特丹重演，政府从私人手中收购了水务公司，因为私营企业想扩大管网的覆盖面积，比起提供优质的服务他们更关心的是利润。一个多世纪之后，由于经济危机的加剧，争论依然继续。在这场辩论中，那些认为应该实行公共管理的人们提出的依旧是那些老旧的论点。

伯明翰和阿姆斯特丹最初的选择是一样的，但后来发生了不同，就像几乎所有的北欧国家一样，荷兰的首都选择了实行公共管理。值得一提的是，以丹麦为首的这些国家的水价是全世界最高的，每立方米水超过 7 欧元，是西班牙平均水价的 5 倍。显然，当收取的水价覆盖了所有的成本，甚至是环境成本，供排水服务变得可持续发展。然而对于整个英国来说，伯明翰是如今私人管理的典范。撒切尔夫人自 1979 年上台后，便将服务提供和基础设施进行了私有化。总而言之，将私有化作为收入来源以克服困难和财政赤字是债务管理中的一般程序，这违背了西班牙的神圣原则，他们认为供排水服务的所有收入都应用于改善服务、规范行业。

目前的经济形势有利于市政厅将这些资源进行外包管理。他们相信这将是增加外部收入的方式。只要事情做得很好这没有什么问题，因为如果将征收的数百万水费款项分配给了其他预算（这种情况经常发生），除了违反了《水框架指令》外，还抵押了更多的供排水服务。因此，对于上级机构来说，最好在外包这些服务之前，就招标管理合同应包含的基本方面，制定一些最低限度的指令。同许多其他项目一起，还应该防止供排水服务的收入被用于其他目的，这可能是西班牙未来的监管机构的职能之一。

为结束这个问题我们必须指出，自从这些服务存在以来，赞成和反对这两种管理方式的声音都很多。西班牙新建立的公共供排水网络又引发了对这个主题的讨论。很明显,这两种管理方式各有优缺点。无论如何,公共管理的最大劣势在于各行政部门之间存在惰性,以及相互之间缺乏沟通协调。这会导致容易被煽动的情况出现。这个问题我们将在9.5 节再次进行讨论。但是如前所述,做出专业的决策才是最重要的,而不是采用哪种管理模式。如果想进一步对这个问题进行研究可以找一些支持或反对的文字资料。总而言之,不管是私人管理还是公共管理,真正重要的是要实行专业化的管理。

9.4.7　水价和政策标准

缺乏明确的水价标准可能是城市水循环的最大弱点。前文已经对这个问题有所提及,但这里有必要对补贴所导致的附带损失进行讨论。其中最大的损失是众所周知的,基础设施的补贴标准往往是为了满足政治标准。由于企业没有收回所有的成本,大多数基础设施都是由不同来源(欧洲、国家或地区)的资金资助的。因此,对这些资金进行分配往往容易受到政治利益的影响(当分配资金和收到资金的一方属于同一政党时,程序通常是固定的)。这个程序是不可取的,因为获得大部分资金的当事方往往不能很好地对其进行管理,这不应该是分配公共资金的程序,随着时间的推移这将会更加糟糕。事实上,2014—2020年期间欧盟将不会做出新的投资。

在某些情况下,"事前"标准有助于建造一个储罐,并提高从更深的井抽水的能力,对漏损量大的管网应更换已损坏的管道。在其他情况下,由于没有将系统整合到设计中,已经做了无用功。这种情况已经出现了很多年,其中最显著的例子是在达德拉地区建的马诺卡海水淡化厂,其日产能力达到了 10000m³,工程于 2011 年完工,而水厂与城市配水管网相连的管道却尚未建立。企业仍然承诺到 2016 年(工厂建成的五年后)会向消费者供排水,但是绕岛的配水管网的资金来源仍不明确,对于本身寿命就短的设施来说,这至少损失了六年的服务寿命。这是一个反面实例。

9.4.8　城市水务管理缺乏透明度

水是一种必须进行有效和透明管理的公共财产,对于高质量的城市供排水来说更是如此。但是,如今公民却无法得知这项重要服务所涉及的效率和能力,原因有以下几个。首先,负责这个问题的政治家只关心在合理条件下向公民供排水,而不重视水务管理的效率。尤其是市政厅管理的小城镇企业,没有人知道其效率的高低,因为没有人想要对其进行管理。只有在干旱或供排水中断期间人们才注意到效率问题。当被要求节约用水时,公民提出了质疑,因为管网漏损的水量远远多于他们能节省的水量。

显然在一定规模的系统中,当管理层被外包后,服务效率是众所周知的。但没有人要求将这些信息公开(只有卫生部通过 SINAC 收集水质相关的数据)。此外,私人经营者认为这些信息是敏感、机密的,因为当更新特许权时,掌握这些信息可能具有一定的优势(效率与基础设施的状况密切相关,这是规划中长期管理的相关信息),因此不愿透露。另一方面,西班牙供排水和卫生协会(AEAS)对于这个问题的调查是不完整的(只有 AE-AS 的成员提供了资料——代表大供应商和小型私人管理企业的样本),因此他们只对这种形势提出了粗略、乐观的看法。在与企业的私下对话中,他们承认对结果进行了篡改。

9.5 未来城市水务管理的支柱

前文描述了 21 世纪城市水务管理面临的挑战和当前的弱点，本节则对改变当前局面的策略进行概述。

9.5.1 增强决策者在政治、管理和技术三方面的培训以及全面提高社会环保意识

没有各方的充分参与，改变是不可能的。这必须从让公众意识到存在的危险开始。只有充分地认识到了这一点，公众才会支持如提高水价这样的不受欢迎的短期措施。但对决策者进行培训同样重要。市长们必须意识到只有用中长期的眼光来做出决策，供排水服务才能持续下去。因此，他们必须认识到与水务相关的事项是战略性的，必须从政治中剥离出来。这是实现未来战略规划设计的唯一途径。最后，在管理和技术层面上，决策者应该具备适当的资格以确保为每一个具体案例做出最适合的决策。为了保证在所有的预定行动中以尽可能低的成本提供最佳服务，必须使成本利润率最大化。

9.5.2 诊断现状

了解起点对于制定适当的策略很重要。而且应该从三个方面对形势进行分析。第一是进行技术诊断，以确定系统的效率（特别是水效率）和所提供服务的质量；第二是经济分析，将目前的收入与为回收所有成本（包括系统的摊销费用）应收取的水费进行比较，从而确定该系统距离经济可持续性有多远；第三是对现有人力资源进行充分的日常管理分析，并评估其做出正确决策的能力。显然，每个城市中心都必须这样做。这些应该是简单和基本的分析，但是具有足够的代表性，可以为每个城市水务建立真正的基线。

9.5.3 制定战略计划或长期发展承诺

讨论完上述两个阶段之后（第一阶段应该是持续进行的，因为应该不断提高公众认知），就可以开始第三阶段了。在了解到自身缺陷后，我们将能够制定战略计划，并伴随着为其提供相应的资金计划。从逻辑上讲，随着时间的推移逐渐提高水价应该能够保证这些工作的完成。如何确定这些项目的先后顺序是很明显的，首先应该是技术方面，接着是支持技术的经济或金融方面。

9.5.4 战略计划的后续行动和更新

战略计划需有中长期的前瞻性。但是日常事件和采取的行动或简单的优先级改变，都可能导致对之前制定的计划进行修改。我们永远不能忘记制定严格的中长期规划的复杂性，尤其是对于城市水务基础设施来说，因为这些设施的情况和条件会随着时间而改变。这些问题都可以通过适当的传统基础设施管理（Heritage Infrastructure Management，HIM）来解决。如前所述，21 世纪供排水服务面临的主要挑战之一就是恢复逐渐老化的基础设施。

9.5.5 采取措施使农村地区经济可持续发展

在城市供排水服务的全球经济平衡中，运行和维护成本（包括人事成本）是非常重要

的部分。显然，将小的农村地区进行分组将使这些成本得以分摊。填补资产负债表的相关部分，从而解决这些地区面临的一些主要问题。只有具有意愿和对未来的政治观点才能做到这一点。因此，对决策者进行培训至关重要。将这些农村地区分组在一起后，如果不大量提高水价以保证可持续发展的话，则需要采取补贴措施既保证效率，又不造成过往常见的挥霍浪费。2010 年联合国估计水费不应超过家庭收入的 3%，这个数字相当于如今的电话费（据我们所知，水费仅占人均收入的 0.4%）。

9.5.6　不管采用哪种管理方式，都需要建立明确的行业规则

如果认为合适，将供排水服务外包的决定是《地方政府监管法》赋予乡镇的权利之一。我们已经指出，本章的目的不是对各种管理方式的细节（比如说利弊）进行讨论，这些管理方式是众所周知并经过深入讨论的。无论采取哪种方式，如果乡镇组织得当并得到上级的支持，私人运营的主要优势（优化现有资源、致力于提供性价比更高的解决方案）会变得不那么明显。一个明显的例子是荷兰所有的水务都是政府资助的公共管理，这些公司已经创建了一个技术支持平台，保证技术方面的更新。由于这些公司之间不存在竞争关系，因此它们愿意相互分享发展经验和措施。值得一提的是，北欧的水资源最为昂贵，尤其是丹麦。但北欧的水务都是采用公共管理。因此公共管理与低廉的水价之间并不能直接挂钩。理论上丹麦高昂的水价并不是由于效率低下导致的，而是因为需要从水价中回收所有的成本，包括环境成本，与此同时还要提供优质的服务。

不管最后选择的是哪种管理方式，必须很好地对供排水服务的规则进行定义。由于目前各企业之间存在着激烈的竞争，可能会使得我们觉得水务行业是有利可图的，任何形式的水价上涨将进入经营者的口袋。在一定程度上确实如此，但不完全准确，因为用户支付了用于升级这些系统的近几十年来并未支付的巨额投资（数十亿欧元），这与《水框架指令》背道而驰，这些投资大部分来自布鲁塞尔，其余的来自国家和地区的预算。这就是管理者经营供排水服务的方式，他们需要解决的仅有运营和维护成本（薪资、能源成本等）。目前的水价并不包括取水和排水基础设施更新的成本，这就是企业平衡账目的方法。

但是，这样做损害的是公民的利益，他们所拥有的城市水遗产被贬值了（在西班牙，水务基础设施总是公有的，只有管理是外包的）。而在经济危机的新背景下，欧洲没有能力进行大量投资，缺乏更换基础设施的资金来源。因此供排水服务运营的原则非常明确，首先是回收成本，其次是在必要时维护和扩建必须得到保证。因此，外包这些服务（如果这是所选的选项）时的投标要求必须非常明确。私人资本会规避不确定性。如今吸引投资者来改善城市水务基础设施、促进经济发展的主要难点在于政治局面的变化所导致的政治不确定性。因此有必要制定明确的行业规则。为了做到这一点以及为了实现下文将提到的其他目标，需要一个监管机构。

9.6　两点重要的总结

我们正在经历一个动荡的时代。公共管理部门纷纷负债经营，适龄劳动人口的失业率超过 20%，数以百万计的公民日子不好过。这一切都有助于寻求减免债务的外部资源和激活经济。一般情况下行政机构，尤其是市政厅会诉诸私有化来解决一些问题，这导致了强

烈的社会动荡，特别是卫生服务私有化的时候，因此应该强调水务管理外包并不等于水资源私有化或卫生服务私有化。

最近的社会倡议（如公共水网）非常积极地捍卫供排水和卫生应作为公民的基本公共服务，鉴于此，他们特别要求布鲁塞尔颁布欧盟法规，迫使政府"向所有公民提供和保障适当的饮用水和卫生服务"，他们督促：

（1）社区机构和会员国确保所有公民享有供排水和卫生的权利；

（2）不应该在"国内市场规则"下对供排水和水资源管理进行管控，而且供排水服务不应该自由化；

（3）欧盟需加倍努力使公民普遍享有供排水和卫生服务。

他们的要求显然令人吃惊。除了"供排水服务不应该自由化"这一点外，其他都是合理的，但凡有一点常识的人都会对此表示赞同。这给人的印象是，仅通过防止服务自由化，所有的城市水务问题就可以像变魔术一样得到解决，而忽略了一些主要问题，例如只有一个财政部的市政厅将水务部门的钱用于其他用途。这与将外包服务的征税用于其他用途一样，但真正重要的是水务系统得到了有效的管理，事情得以正确完成，使供排水和卫生设施的可持续性得到保障。如前所述，要达到这些目标只能通过制定反映社会意识的水价、良好的管理以及全部成本回收来实现，这与是否将服务进行外包没有关系。

作者既不反对外包服务也不反对公民更加倾向的公共管理，但是我们需要明确某些事情，区分哪些是重要的，哪些是间接的。水作为人类生命中不可或缺的资源很容易蛊惑人心，而忽略掉真正重要的事——优秀的管理和可持续性、尽可能低的成本、对人权和自然环境最高程度的尊重。现在让我们言归正传，不浪费精力在小的讨论上。

作者在本节开头提到的第二个说明是在如今的新时期，已经没有更多的补贴和帮助。过去的二十年企业比较容易获得公共资金用于投资新项目，而不需要说明投资该项目的必要性，或证明执行该项目用于解决某种具体问题的合理性，也不需要对所有可能的替代方案进行研究后选出成本最低、效果最好的方案。如前所述，漏损严重的管网中安装了许多水箱，因为有许多财政补贴用于建造水箱而不是减少管网的漏损量，这对于正处于经济危机中的社会来说根本负担不起。在申请新的补贴之前（欧盟在2014—2020年六年计划中要求），必须进行"事前"分析证明其理由的正当性（提议的补救方案最适合解决问题），项目完成后必须证明已经实现既定目标（进行"事后"分析）。一般来说，小企业总是需要财政补贴的支持（一般是农村地区的企业），但是没有任何控制的财政支持时代已经结束了。

9.7 服务监管——解决大量问题的方法

必须保证从供排水服务中获取的收入都用于改善水资源管理。要实现这一点，必须存在一个监管机制，这是监管机构最重要的任务之一，但也有许多其他任务。以下总结了监管机构应该履行的一些任务（旨在解决行业存在的弱点）。根据具体情况有的任务会比别的任务更加关键。尽管在水务部门存在许多具有不同职能的机构，但如今一些基本的事情都没人负责，因此有必要对水务部门进行监管。除了其他方面外，他们还需要负责：

（1）建立监管供排水服务的标准（除了已经规定的水质监管标准外）；

（2）促进企业遵守成本回收原则，确保定期进行投资并符合既定目标；

（3）制定符合成本回收原则的水价制度，确保社会公平，同时使水价不受制于政治因素；

（4）支持并控制服务外包流程，参与起草招投标来对合同进行监管并跟进；

（5）为需要的城镇提供技术支持；

（6）促进三个管理层（政治、管理和技术）的培训；

（7）为了更好地实行规模经济，促进农村地区的团结服务，鼓励城乡结合的原则；

（8）通过鼓励城镇之间的竞争，使用"标准"规定迫使发布服务质量指标来提高透明度，这是公众能够了解管理水循环的人员的能力水平的唯一途径。

9.8　结论

本章研究了城市水循环面临的严峻挑战。日益增长的困难正说明了我们不能再沿用以前的方式来解决这些问题。在当前经济危机的形势下更是如此，行政部门负债累累，可能不再有资金投资基础设施。虽然有理由相信经济危机不会永久持续下去，局面会有所改变，但财政补贴会减少，而且不管什么情况，企业申请补贴必须要有正当理由，就像所有其他人类活动一样。各机构需要适应新时期的变化。

在对这些挑战进行讨论之后，我们分析了城市和地方水务公司的弱点，明确了这些问题后，我们制定了未来城市水资源管理应遵循的指令。做出这些改变并不容易，因此不会在短时间内实施，而是需要逐步但是坚定、果断地实施（考虑到当前水文化的惯性和重大意义建议谨慎进行）。整个过程中监管机构似乎是不可或缺的，已经看到的是许多具有类似问题的国家已经解决了这个巨大的挑战，尽管采取的策略多种多样，西班牙也需要加快进度。

本章参考文献

［1］ AWWA（American Water Works Asociation）.（2012）. Buried No Longer：Confronting America's Water Infrastructure Challenge. AWWA，Denver，Colorado，USA.

［2］ BBVA（Banco Bilbao Vizcaya Argentaria）.（2010）. Población 51：La población en España：1900-2009 Fundación BBVA. BBVA，Madrid，Espa. a.

［3］ Boland J. J.（2007）. The business of water. Journal of Water Resources Planning and Management，ASCE. May-June，189-191.

［4］ Brundtland B. H.（1987）. Nuestro Futuro Común Editorial Alianza. Madrid，Espa. a，1987，1989，1992.

［5］ Copeland A.（2013）. Can a Small System Develop an Effective Asset Management Program? Opflow January 2013，American Water Works Association，Denver，Colorado，USA.

［6］ ElPa. s diario.（2013）. Evoluci. n de la renta per c. pita en las Comunidades Aut. nomas. 27 de Octubre de 2013 http：//elpais. com/Acceso el 4 de diciembre de 2015.

［7］ EPA（U. S. Environmental Protection Agency）.（2013）. Drinking Water Infrastructure Needs Survey and Assessment，Fifth Report to Congress Office of Ground Water and Drinking Water，Washington，D. C. 20460，EPA 816-R-13-006.

［8］ Flecker J.，Hermann C.，Verhoest K.，Van Gyes G.，Vael T.，Vandekerckhove S.，Jefferys S.，Pond R.，Kilicaslan Y.，Cevat Tasiran A.，Kozek W.，Radzka B.，Brandt T. and Schulten T. (2009). Privatisation of Public Services and the Impact on Quality，Employment and Productivity (PIQUE)，Summary Report of the Project 'Privatisation of Public Services and the Impact on Quality，Employment and Productivity' (PIQUE). Vienna.

［9］ GFA (Green for All). (2011). Water Works Rebuilding Infrastructure Creating Jobs Greening the Environment. www. greenforall. org/resources/waterworks，Oakland，California，USA.

［10］ INE (Instituto Nacional de Estad. stica). (2015a). Encuesta sobre el suministro de agua y el saneamiento. A. o 2013 Instituto Nacional de Estad. stica，Madrid，Espa. a.

［11］ INE (Instituto Nacional deEstad. stica). (2015b). Relación de municipios y códigos por provincias de España. Instituto Nacional de Estad. stica，Madrid，Espa. a.

［12］ Milly P. C. D.，Betancourt J.，Falkenmark M.，Hirsch R. M.，Kundzewicz Z. W.，Lettenmaier D. P. and Stouffer R. J. (2008). Stationarity is dead：whither water management? Science，319 (5863)，573-574. 1 February 2008.

［13］ NWAC (National Association of Water Companies). (2012). Economic Impact of Water and Wastewater Infrastructure Investment. NWAC：document _ 88e6f490-3e0e-4ac7-9736-608fafeba6d3.

［14］ OECD (Organization for Economic Co-operation and Development). (2009). Private Sector Participation in Water Infrastructure. Check List for public action Organization for Economic Co-operation and Development，Paris.

［15］ OECD (Organization for Economic Co-operation and Development). (2015). OECD Principles on Water Governance Organization for Economic Co-Operation and Development. Water Governance Programme，Paris.

［16］ Pigeon M.，McDonald D. A.，Hoedeman O. y Kishimoto S. (ed.) (2013). Remunicipalización. El retorno del agua a manos públicas. Transnational Institute，Amsterdam.

［17］ PM (Population Matters). (2010). Human Population History Report. http：// www. population-matters. org/，accessed on December 4，2015.

［18］ Swemmer F. F. (1990). Water supply and water resources management. In：Urban Water Infraestructure，K. Schilling and E. Porter (eds)，Kluwer Academic Publishers，Dordrecht，The Netherlands. P. ginas 173-188. Thackray，J. (1990). Privatization of water services in the United Kingdom. In：Urban Water Infraestructure，1st ed. K. Schilling and E. Porter (eds)，Kluwer Academic Publishers，Dordrecht，The Netherlands.

［19］ UE (Uni. n Europea). (2000). Directiva 2000/60/CE del Parlamento Europeo y del Consejo de 23 de Octubre de 2000. Diario Oficial de las Comunidades Europeas，de 22. 12. 2000.

［20］ UN (United Nations). (2010). Human rights. The Right to Water. Fact Sheet，nÅã35. Office of the High Commissioner for Human Rights. Geneva，Switzerland.

［21］ UN (United Nations). (2015). World population prospects. Key Findings ℒ Advance Tables. 2015 Revision. United Nations，New York.

［22］ Viavattene C.，Pardoe J.，McCarthy S. and Green C. (2011). Cooperative Agreements between Water Supply Companies and Farmers in Dorset，Evaluating Economic Policy Instruments for Sustainable Water Management in Europe FP7 Environment.

［23］ Werkheiser I. and Piso Z. (2015). People work to sustain systems：a framework for understanding sustainability. J. Water Resour. Plann. Manage.，141 (12)，A4015002.

第 10 章　在西班牙建立城市供排水监管的理由

10.1　基础设施投资框架的稳定性

在综合水循环基础设施的投资和融资过程中，不同的参与实体应具有监管稳定性，这反过来提供了法律和金融的确定性，以下为标准化的客观条件：

（1）整个管理合同的收入结构及其稳定性；

（2）经济复苏、资本、运营成本和投资成本（OPEX 和 CAPEX）；

（3）供需相关的管理风险；

（4）成功实施环境立法以达到欧洲标准（保证基础设施的耐久性）；

（5）整个水循环系统（输水、配水、排水和循环利用）；

（6）水价制定和批准机制（地方和区域层面）；

（7）水务部门的补贴和补偿方案。

最终需要一个永久解决经济、社会和环境可持续性问题的稳定框架。

基于供排水对可持续性、水质、水价和环境保护具有要求，并采取兼顾各方的措施（主要在成本和服务质量上达到平衡），有必要与包括公民在内的各相关方之间达成主要共识。

西班牙水务部门的现状是完全分散的，当地没有对上述因素进行有效监管，服务标准只存在于直辖市和自治区的范围内，没有州一级的服务标准。

西班牙的水务部门是"有缺陷的"，必须对其进行有效的监管。我们必须绕过政治领域，用专业的方式对其进行监管。换句话说，应该制定一套规范，可以提供法律和财务稳定性以达到我们根据各项欧洲指令和法规制定的社会、经济和环境目标。

10.2　监管机构的必要性

西班牙目前有 8100 多个城镇，与供排水和卫生服务的价格结构和管理标准数量一样多（受《地方政府基础设施监管法》的保护）。这使得各地提供的服务质量存在巨大的差异，各运营企业（不管是私营企业还是公有企业）的可持续性和效率也各不相同。

一些欧盟国家已经设立了国家监管机构，对企业运行过程进行监督，监测可持续发展以及供排水和卫生服务效率。

10.3　监管角度

当对监管的概念进行分析时，必须考虑以下三个方面：

（1）制度架构——兑现承诺、信誉保障、为社会整体利益引入的定期透明的问责制等；

（2）执行——水价政策标准化、激励制度、质量和投资需求分析等；

（3）结构——经营者模式的横向集中、制水和配水的垂直分离程度、竞争规则等。

激励制度有助于形成关键变量，"激励性监管"这一概念框架将建立财务机制来对企业提供的服务质量进行管控，优先考虑进行效率管理。

10.4　指标

如果没有一套以管理目标和指标作为指导的简单而基本的管理制度，监管机构将无法运作，这是对企业进行管控并客观评估其管理进度和结果的唯一方法。

根据该管理制度可以更好地了解所提供服务的质量，实现与质量标准进行比较、客观化管理、考量进度、识别改善点、定义持续改进项目以及与优秀的企业进行比较等。

10.5　AquaRating 与对标

AquaRating（水评估）和对标都基于管理指标。AquaRating 旨在提供一个全面客观的标准来对服务提供商的绩效水平进行评估，并出具整体评估报告。该系统对访问服务、服务质量、运行效率、投资计划和执行、企业管理效率、财务可持续性、环境可持续性和公司治理八个领域进行了详尽的评估，并分析了所提供信息的可靠性，同时还出具了企业提升管理的建议。

对标旨在企业之间进行相互比较，以便加深对所提供服务质量的理解，主要涉及以下几点：

（1）根据适用于各企业的标准变量设置可比较的管理指标（关键绩效指标）；

（2）确定服务、经济、环境、社会变量中的强项和弱项以及机会和面临的威胁（SWOT 分析）；

（3）确定持续改进项目；

（4）与行业典范进行比较（在集体社会责任内）。

目前欧洲标准化合作组织开发了一套国际标准化流程，对不同国家的各个水务企业进行标准化比较。

10.6　监管和水价的标准化

西班牙直辖市和省联合会（FEMP）执行委员会最近批准了一项"示范"供排水监管条例，该条例是 FEMP 与西班牙供排水和卫生协会（AEAS）合作制定的（目前正在敲定关于卫生的条例）。旨在规范供排水服务特点（接入管网的权利、中断供排水的原因、水表的安装、发票次数、缴费的条件和方式、供排水接入计划、合同类型等）。

作为对 2000 年《水框架指令》、2010 年财务计划和 2007—2015 年《国家水质计划》的回应，FEMP 和 AEAS 还合作制定了《水价指南》，该指南的要点如下：

（1）主要目的是实现供排水和卫生服务长期的财政经济平衡；

（2）它提供了实现全部成本（运行、环境、财务、投资、资本和资源或机会成本）回收的机制和工具；

（3）根据固定费用和可变费用制定了若干阶梯式水价结构，促进了交叉补贴的透明度、水价分析的标准化，并根据指标和投资承诺制定了与管理目标挂钩的长年水价，而不是目前的审批机制（每年一次，把太多的重点放在了社会和政治标准上）；

（4）它从四个层面规定了"供应保证"的概念（质量保证、数量保证、服务保证和可持续性保证）。

10.7　西班牙水价监管和可能的责任

分析是否适合建立水循环综合服务监管机构应考虑下面两个主要方面的问题：

（1）分析和批准地方政府和运营商的水价制定和监管的能力；

（2）监督是否符合战略管理和服务质量计划中规定目标的能力。

在其他职能中，监管机构还可以负责以下内容：

（1）传达中央和地方政府在水价审批中对于水资源开发利用的政策；

（2）提高消费者缴纳水费的透明度（监管机构必须鼓励提高公民接收信息的透明度）；

（3）促进维护消费者的合法权益；

（4）担当地方政府与服务提供商之间的仲裁员；

（5）保证标准水价和服务提供商之间进行比较（对标）的可能性；

（6）帮助快速有效地调整水价制度以应对欧盟委员会的要求（确保遵守《水框架指令》规定的最后期限）；

（7）审计基础设施融资的最终费用；

（8）保证根据服务质量指标制定水价，即企业收取的水费不仅与供排水量有关，还应与提供的服务有关；

（9）将管理效率与提供的服务和相应的水价挂钩。

很明显有必要定义一些常见的和标准化的变量来确定成本，从而实现不同地区、不同城镇之间的成本和水价的比较。因此，应该根据可以反映效率的指标设定调整水价的机制，并将这些机制与遵守投资承诺和实现管理目标（技术、经济以及环境参数等）联系起来。回收的管理成本越多，在可测量、可靠的指标基础上，最终用户的管理水平就越高。

就内部组织而言，监管机构应满足以下几个基本条件：

（1）成为监管问题的职能机构；

（2）独立于运营商、政治家和金融媒体界；

（3）具有行政权力，能够应用和执行法律，并监督其合规性；

（4）随着时间的推移，要成为一个稳定的实体，有明确的长远目标；

（5）遵守该部门的欧洲环境和经济政策。

10.8　类似部门监管的示例：能源

10.8.1　西班牙国家能源委员会（CNE）

下文描述了能源部门在 1998 年成立 CNE 时的管理进展情况：

（1）1988 年的《稳定法律框架》制定的目的是作为一个稳定的参考框架，主要用于电力公司的收入体系中，并通过成本优化标准来确定电价，与水务部门的情况有明显相似之处。

（2）1996 年西班牙工业与能源部以及西班牙电力公司签署了《建立国家电力系统法规》。

（3）1997 年第 54 号法促使电力部门的转型，因为该法规认为电力供应对于社会运行至关重要。与之前的法规相反，该项新法规的目的是保障电力供应、保障质量和成本不受政府干预，而是依赖于自身的具体规定；这是电力部门发生的根本性改变，其中最重要的因素是放弃公共服务的概念，取而代之的是"保证供应"的概念，并纳入象征性计划而非决定性计划。

（4）西班牙国家能源委员会（CNE，根据 1998 年 10 月 7 日第 34 号法成立，随后于 1999 年 7 月 31 日由 RD 1339 制定，通过了其法规）。

（5）CNE 保障电力部门的整体利益，并确定了四个主要目标：

1）供电保障；

2）供电质量和安全；

3）合理成本；

4）环境保护。

10.9　结论

（1）公开讨论是否需要监管机构及其组成是有意义的。讨论应该为其定义打下基础，在这之后，必须努力确保监管机构的成立符合双方的利益。

（2）不同机构之间的对话是复杂并至关重要的；机构之间的讨论将促进找到真相、达成协议。

（3）另一个重要问题是确定谁来控制监管机构，这有必要避开党派政治的影响以及企业的利己色彩。

（4）通过其行动和决策来确立监管机构的形象（技术、经济、政治……）很重要，另一个重要方面是要知道监管成本，并确保机构能自给自足，这有利于使其保持独立。当对机构进行定义和确定监管的范围（独立、自主、协调等时），经济方面可能是决定性的，所以不能忘记必要的规模经济。

（5）监管机构必须在部门的立法中、授予特许权的过程中以及制定和监控水价中发挥作用。以上所有都必须与公众进行透明的沟通，并且在所有主要的各方共同参与下进行。

最终的结论是水务部门正在要求成立唯一、独立和透明的专业化监管部门，将其从短期的市政政治圈中剥离。这无疑将增强法律和金融的确定性，从而提高其信誉，与公民建立关系并提供信息，作为更有效的水务管理的独家受益人。

本章参考文献

[1]　EFQM (European Foundation for Quality Management). The European Benchmarking Code of Conduct.

［2］　EUREAU（2011）．Methodological guide on Tariffs，Taxes and Transfers in the European Water Sector．

［3］　European Commission（2003）．Green Paper on Services of a General Interest．COM（2003）270 final，21 May 2003．［EU Commission-COM Document］．

［4］　European Commission（2004）．White Paper on Services of General Interest．Communication from the Commission to the European Parliament，the Council，the European Economic and Social Committee and the Committee of the Regions．COM（2004）374 final，12 May 2004．［EU Commission-COM Document］．

［5］　FEMP y AEAS（2011）．Guía de Tarifas de los Servicios de Abastecimiento y Saneamiento de Agua．

［6］　FEMP y AEAS（2011）．Reglamento Tipo del Servicio de Abastecimiento de Agua Urbana．

［7］　IWA-BID（2014）．AquaRating-A Rating System for Water and Sanitation Service Providers．［online］Aquarating．org．Available at：http：//www．aquarating．org/en/．

［8］　Waterbenchmark．org（2014）．European Benchmarking Co-operation（EBC）．［online］Available at：https：//www．waterbenchmark．orglcaccessed 27 June 2016）．

第 11 章　国际小组圆桌会议结论

圆桌会议以主持人对每位发言者提供的主要信息进行总结作为开始。会议期间对其中一些信息进行了讨论，相关细节在后面的圆桌会议中进行了更为详细的讨论。第一位发言人是葡萄牙的 Jaime Melo，他坚持认为有必要将水务行业这个复杂多面体的各个方面进行妥善整合，包括对这种横向服务进行监管。需要将经济、环境、卫生、社会和技术这五个方面相结合进行管理。整合需要协调各方意见，减轻当事人之间不可避免的利益冲突。他还坚持认为葡萄牙的水务公司和监管机构之间需要长期保持对话。换句话说，监管不仅仅是不可避免的"自上而下"的管理（这需要通过立法来实现），为了使监管更加有效以及增加企业的接受程度，水务公司与监管机构之间的"自下而上"的信息交流也是至关重要的。

英国的 Michael Rouse 强调了两个观点。监管机构必须独立于政治权力和受监管的企业。政治家有立法（定义和指定需要监管的各方各面，例如服务质量）的责任，而监管机构则是执行已批准的法律。监管机构必须通过客观的报告来证明自身独立于受监管的企业，捍卫消费者的权利，最终也是消费者来支付监管的成本。如果经济上不独立于政治权力，监管机构的中立性将永远受到威胁。

来自澳大利亚的 Andrew Spears 阐述了在澳大利亚实行监管的方式。澳大利亚是一个由自治州组成的大陆/国家，首先制定需要达到的总目标和总体框架，每个州按自己的方式实施。他提供了一些具体的例子来证明监管机构独立的重要性，比如监管机构独立于政治权力的州的实施效果比监管机构容易受到政治指示的州好得多。尤其是他以政府执意建立悉尼海水淡化厂为例，而专家的技术报告一致反对建立该厂，因为没有必要。时间证明了专家是正确的，这凸显了政治决定的愚蠢。

作为丹麦一家大型公司的董事，Jens Prisum 在他的文章中强调了主要信息。丹麦只实行经济监管，而且由于其复杂性，只有经济学家可以理解。它就像个黑箱，很少有人能看懂。监管形式至关重要，他坚持认为监管机构应该对水务行业非常了解，但丹麦不是这样，这也许是监管机构和企业之间缺乏对话的原因。如今丹麦还只处于"自上而下"的监管形式。

智利的 Andrei Jouravlev 在拉丁美洲的水务行业拥有 30 年的工作经验，他指出 70% 的拉美国家都存在某种监管，同时也存在着多种监管模式。在各种监管模式中，他否认了地方一级的监管，因为它具有不可操作性，西班牙目前就是采用的这种监管模式。经过广泛的分析，他总结道，监管机构的存在本身并不是一个保证，还需要共识、行动能力以及政治独立性，其中政治独立性是所有人都在强调的。

德国的 Wolf Merkel 描述了德国自我监管这一唯一案例，这种模式在邻国（如荷兰和瑞士）也是有效的，鉴于实施的结果可以说城市水务管理非常优异。也许正因为如此，德国的用户和企业都表示认可。德国多年来一直通过行业协会（DVGW）制定技术法规，相关联邦部门（得符合欧洲指令）负责卫生法规，而经济法规则由联邦各州制定具体的指令来计算和设定水价。德国的文化和传统使得水务行业在这个框架内运行良好，Merkel 指出这种自我监管模式与国家文化密切相关，如果采用别的模式效果可能不会很好。若要实行这一监管形式需要对国家的政治和文化进行认真的考量。

最后，美洲开发银行（IDB）的 María del Rosario Navia 提到 IDB 和国际水协会（IWA）希望推动一个系统来对城市供排水公司进行评估，从而引入了一个名为 AquaRating 的工具，本书第 8 章对该系统工具进行了描述。她强调了该工具对所有监管体系都有好处，特别是当需要建立指标来判断企业是否运行良好时。她坚持认为如果基础数据质量低便没有任何意义，使用该工具的成本在 30000~50000 美元之间，用于支付收集可靠数据的技术支持费以及 AquaRating 的审计员对数据收集过程的质量进行认证的专家费。作为交换，企业得到的好处是显而易见的——了解了自身的优势和劣势。

11.1　讨论会

七位专家发言结束后，由主持人 Enrique Cabrera 组织，七位国际专家和近 200 名活动参与者召开了一个持续时间近两个小时的圆桌会议。为了简洁起见，在此不对所有发言进行详细描述，只对参与者提出的问题和专家的回答进行综合总结。

会上讨论的第一个议题为"全面监管"，正如我们看到的，城市水务是一项具有经济、环境、卫生、社会和服务质量（技术）意义的横向服务。由于其范围之大，由不同机构分担这些监管职责是很自然的。此外，某些方面如卫生控制在大多数情况下已经有机构进行管理了，新设立一个机构对已经有人负责的部分进行监管不合逻辑。监管机构的作用应该是承担新的责任（一些必要的或没有机构负责的责任）和一些在某种程度上常常被人们所忽视的事务。对于该议题得出的结论是显而易见的：只依赖于单一机构不可能实现有效监管。

由多个机构进行监管较为有利，因为当存在利益冲突时，各机构之间可以进行讨论解决冲突。但是恰当地界定符合各机构的目标以及确定各机构的职责以避免法律真空和职能重叠也是非常重要的。促进机构、用户和企业之间的协调与沟通也是至关重要的，而且这一切都应该以最大的透明度进行，对此葡萄牙有一个由 32 名各方代表组成的咨询委员会。有必要改善行业的可治理性，这个问题引起了一些参会者的兴趣。

当谈论到整合和受监管的行业的规模时，有人提到一些小国家是由同一监管机构负责所有的公共服务（水、电、燃气、废物以及电信），但是这种监管不能准确评估行业内企业的绩效水平，美国就是这种情况，这种监管形式必将是"薄弱"的。

参会者在对独立监管（尤其是敏感方面，如经济和水价的监管独立性）的必要性达成绝对一致意见后，讨论的第二件事为：确保监管机构真正独立的最合适的模式是什么？除了监管机构的经济独立（由用户支付）外，关于将监管机构与政治周期分离的必要性（避免新政府建立新的监管机构），有人指出应该明确界定监管机构应达到的职责和监管程序，这些措施有助于监管机构独立于政治权力。

企业的独立性是通过监管机构的良好运行来实现的。必须通过起草具有绝对透明度和自由度的报告来证明企业的独立性，这是获得行业尊重和信任的唯一途径，因为如果监管机构的工作做得不够好，几年内就会失去信誉。这强调了一个良好的监管机构必须成为该行业的专家，因为我们不可能对不了解的事情进行管理。至于谁对监管机构进行控制？答案很明确，必须是政治权力，英国的情况就是如此，由议会创建的委员会来执行此项任务。

上文强调了建立正确的监管机构的重要性，提到了一些对监管机构的要求。在正确界定了职位所需的专业背景后（应对行业进行深入了解），必须不惜一切代价避免政治任命。还讨论了职位最长任期应是多久，在离职后，监管者在一定期限内（例如立法机构为四年）不得在本行业的任何一家企业任职。

另一个广泛讨论的议题是监管机构管理的地域范围（国家、区域或地方），这对于西班牙来说显然是个有趣的问题。由于专家小组提到了具有不同监管模式的国家（澳大利亚是分散式管理，英格兰和葡萄牙则是均匀化管理），多种多样的管理方式证明了这个问题的答案并不唯一，需要考虑到各个方面。首先，就像前文描述的那样，监管模式必须适应当前的政治结构，逆流而行毫无意义。但同时值得建立一个体现所有相关者共识的整合框架，澳大利亚就是如此，在国家框架的基础上制定了不同区域的模式，各个州取得了不同程度的成功，但最终是一个模式反映了国家的政治现状。第二个重要问题是监管的成本应该尽可能多地利用规模经济。例如，葡萄牙的亚速尔群岛有着很大的政治自治权，他们建立了自己的监管机构，其结果是该地监管的人均成本比葡萄牙大陆地区高出了15倍之多。绝对一致性被强调过很多次，地方法规根本没有任何意义。

监管成本这一主题引发了激烈的讨论。首先，用户必须知道实际的监管成本，并且必须由一个更高的权威机构将成本控制在合理范围内，因为最终是由用户通过向供排水公司缴纳水费来支付监管成本的。监管成本占水价的比重逻辑上取决于规模经济，但在任何情况下都不得超过合理的范围。对不超过100家企业进行的评估结果显示，监管成本占用户支付水价的1%~3%，这是对总的实际监管成本占比的普遍看法，它可能高于单纯的对于水价监管的成本，因为公司也必须准备大量的信息，这将增加额外的内部成本。对此，第一次也是唯一一次有人持有反对意见，一方面，发言者认为对数据进行汇编是企业的基本工作，而且企业应该是最想得到这些信息的一方，因此不应该将其视作额外费用。但丹麦人的看法却完全相反，丹麦的经济监管系统依据的是经济学家为了经济学而建立的一个模型，它就像一个黑箱，在这种情况下，实施经济监管的是政府员工，不会给用户增加额外成本，但企业也需要聘请审计员、经济学家和律师来帮助他们履行经济监管机构规定的义务。监管成本不是一件微不足道的小事，在确定监管模式时应该对监管成本多加考虑，毕竟监管模式与监管成本之间有着直接的联系。

另一个引起激烈讨论的主题是如何说服公众了解中长期发展的必要性，而不能像一般政治家和用户那样着眼于当前或短期前景。也就是说要如何说服公众知晓水价必须包含资本成本，这样才能解决更新基础设施这一必要问题。讨论的结果很一致：通过精心设计的沟通策略教授和传达信息。公民对环境问题的敏感使得他们愿意为供排水服务支付更多费用，但是他们应该知道支付更多费用的原因，这再一次说明了有必要制定一个绝对透明的框架体系，使得公民更大程度参与其中。

对于监管的必要性，听众提出的一个问题引起了我们的注意。像德国这种不直接受监管机构管理的国家，平均漏损率仅为6%，监管还有存在的意义吗？答案分为三点，第一点是显而易见的，如果供排水服务已经达到了一定的优异水平，当然最好不要对运行良好的工作做出改变。第二，有德国专家澄清道，他论文中只包括了大公司的数据，虽然这些公司的供排水量占德国城市供排水总量的 70%，但公司数量只占行业总数的一小部分，如果考虑到全国所有的水务公司，这些数据可能不会那么理想。最后，专家小组的另一位成员答复道，因为没有一个独立的监管机构对数据进行审核，数据质量不能得到充分的保证，而且很可能会犯乐观的错误。

听众关注的另一个问题是，当监管机构坚信有必要提高水价时要如何应对政治权力？因为政府一般不愿意提高水价，尤其是在选举期间。专家小组的答复很明确：只能依靠明确的行业规则和严格的水价制定程序以及社会力量才能对抗基于理性的政治力量。为了实现这一点，企业必须明确并详细地列出（根据监管机构的规则）水价制定所包含的所有成本，这不是一项一蹴而就的工作。以葡萄牙为例，当 2003 年法规开始实行时，超过一半的公司无法正确计算成本，而十年后，这些计算是日常工作的一部分，而且我们不应该忘记计算越简单越清楚越好。

会议上提出的最有趣的问题是之一：监管机构认为企业合理的利润应为多少？没有一位专家能说出一个具体的数字，但他们提出了确定利润的方针。首先是与其他具有类似风险的业务（通常其他业务都是高风险、高利润）相比较，来确定符合当时市场法律的合理利润。由于水务行业涉及的风险较低，因此利润绝不可能太高。当然企业需要盈利才能持续经营下去，而且利润应该足够高才能吸引新的投资。

其中一位参会者询问了实施法规所需的时间，以及执行后需要多久才能初见成效。显然，没有人愿意给出一个具体的时间，甚至当这位说英语的发言者提出在何种程度上回答这个问题都可以时，也没有人答复。过渡时期正是企业收集监管机构所需要的所有数据的时候，这不是立竿见影的，因为就像前文提到的那样，许多企业最初并没有这方面的信息。

也有人提问道由谁来决定管控的内容以及如何进行管控？对于这个问题，专家小组的答复是相同的。在立法时，由政客们决定必须对什么进行管控才能保证服务质量，之后由监管机构确定"衡量"这些既定政治目标的最佳方法，通过企业和监管机构之间的沟通，量化要达到的质量水平（具体目标，例如漏损的程度）。随着时间的推移，既定的目标可能会变得越来越苛刻，或者在必要的时候更宽松些，监管的过程应该是动态的。对于这个问题，尤其是当提到标杆企业使用预定义的指标时，提出了另一个与企业评估和管控过程相关的想法，即需要对"苹果和苹果"之间进行比较，也就是对类似规模的企业进行比较。沿着这条思路，葡萄牙建立了九个"群"（具有相似特征的公司组成的小组），对同一个群中的公司进行相互比较，因为把供应数百万用户的企业与只供应几千人的企业进行比较意义不大。

另一个有趣的话题是当面对对城市水资源或多或少具有直接竞争力的其他政治机构的干预时，监管机构要如何保持其权威？这里参考了水价的情况，因为竞争委员会对监管机构制定的水价也有决定权，解决方法非常清楚，监管机构不与其他的州立机构进行争论，尽管这些机构可能具有更高的权威。当面对其他机构的干预时，应该对问题进行分析并发布相关报告，以便更高级别的政治当局能够根据报告做出决定。

圆桌会议快要结束时，一位参会者提出监管机构对于农村或小型社区城市水务经济可持续发展的作用，因为一些国家（如丹麦）的乡镇水务超出了监管范围，所以几乎没有作用。经过激烈的讨论后专家们得出如下结论：不管这类服务是否在监管范围之内，都需要建立一些支持措施。例如德国没有监管机构，于是由饮用水部门的燃气与水科学技术协会（DVGW）来承担这方面的责任，他们开发了简单的工具（一个示例）来帮助制定水价，定义了具体的指标和质量标准，鼓励联合管理（即专家同时管理 10 个农村系统），最后还确定了需要这些服务的专业人员的概况和培训。此外，这类服务是由地方政府支持的特殊经济，很明显需要通过监管机构或其他方式帮助他们建立尽可能合理的结构。但是一个不容忽视的现实是如果我们不愿意帮助乡镇移民呢？

向专家小组提出的最后一个问题分为两部分，第一部分提到了促进国家建立城市供排水监管机构的环境背景，接着询问了哪些组织或机构最不愿意参与监管机构的建立。令人惊叹的是，专家小组给出的案例得出了同样的答案：监管系统不能孤立存在，而应该被列入一般水政策中，通过法律改革控制和管理城市水务。英国、澳大利亚和葡萄牙便是如此，这三个国家的监管已实施了近十年。此外，我们不应忘记监管的过程是很漫长的，例如葡萄牙的这一进程始于 1993 年，当时监管机构的形象首次出现在法律中，2003 年建立了第一个监管机构，但又经过了十年的努力经济能力才得以改变（这发生在 2014 年）。一般情况下，实施监管不是一朝一夕就能做到的，在澳大利亚每个州的进度都不一样。

针对上述问题的第二部分，葡萄牙和英国的答案是一致的：最不愿意参与监管的是市政厅。但是需要强调的是，随着时间的推移市政厅已经成为最强有力的监管倡导者，而且在某些情况下（如葡萄牙），他们正尽可能地加强能力建设，比起以前更加了解行业，更好的是，供排水服务的改善增加了公民的接受程度。

一个非常有趣的圆桌会议结束了，会议讨论了各类实践主题，其中大多数主题很难在论文中看到，而这正是最后这一章的价值。